FORSCHUNGSBERICHTE
DES WIRTSCHAFTS- UND VERKEHRSMINISTERIUMS
NORDRHEIN-WESTFALEN

Herausgegeben von Staatssekretär Prof. Leo Brandt

Nr. 185

Dipl.-Ing. W. Rohs
Text.-Ing. G. Heller

Studien an einem neuzeitlichen Kreuzspultrockner
für Bastfasergarne mit Wiederbefeuchtungszone

aus dem
Techn.-Wissenschaftl. Büro für die Bastfaserindustrie, Bielefeld

Als Manuskript gedruckt

WESTDEUTSCHER VERLAG / KÖLN UND OPLADEN

1955

ISBN 978-3-663-03261-8   ISBN 978-3-663-04450-5 (eBook)
DOI 10.1007/978-3-663-04450-5

Forschungsberichte des Wirtschafts- und Verkehrsministeriums Nordrhein-Westfalen

G l i e d e r u n g

I. Einleitung und Aufgabenstellung . . . . S. 5

II. Versuchsdurchführung . . . . S. 7

    A. Trocknungsapparatur . . . . S. 7

    B. Feststellung des Trocknungsverlaufes in den
       Kreuzspulen . . . . S. 11

    C. Versuchsgliederung . . . . S. 14

III. Versuchsergebnisse . . . . S. 15

    1. Allgemeine Betrachtungen . . . . S. 15

    2. Trocknung in nur einer Kammer . . . . S. 17

       a) Trocknungsverlauf bei nahezu geschlossener
          Abluftklappe . . . . S. 17

       b) Trocknungsverlauf bei geöffneter Abluftklappe . . . . S. 20

    3. Trocknung in drei Kammern . . . . S. 21

       a) Trocknungsverlauf bei einer Trocknung von
          3 x 80 min . . . . S. 21

       b) Einfluß verschieden großer Hülsendurchmesser und
          unterschiedlicher Hülsenperforation . . . . S. 25

       c) Einfluß der Hülsen auf den Trocknungsverlauf . . . . S. 27

       d) Einfluß hochgesetzter Kreuzspulen bzw. zweckent-
          sprechender Untersätze . . . . S. 30

    4. Wiederbefeuchtung der Kreuzspulen . . . . S. 32

IV. Zusammenfassung . . . . S. 38

Forschungsberichte des Wirtschafts- und Verkehrsministeriums Nordrhein-Westfalen

I. Einleitung und Aufgabenstellung

In zunehmendem Maße wird in Bastfaserspinnereien von der Möglichkeit Gebrauch gemacht, die naßgesponnenen Garne auf Kreuzspulen zu winden und diese in hierfür geeigneten Trockenapparaten mittels Warmluft, welche durch die Spulen von innen nach außen gedrückt wird, zu trocknen. Die Gleichmäßigkeit des Trocknungsverlaufes sowie die Trockenzeit hängen dabei maßgeblich von der Kreuzspule bzw. ihrem Aufbau ab. Es ist nicht gleichgültig, ob Spulen mit fester oder loser Wicklung zur Trocknung kommen. Auch die Gleichmäßigkeit der Wicklung ist von Bedeutung. Durch geeignete Maßnahmen, z.B. Anwendung eines Gewichtsausgleichs, kann von der inneren bis zu der äußersten Radialschicht gleichbleibende Wicklungshärte eingehalten werden. Diese hängt auch von der Fadenspannung und dem Spulenanpreßdruck auf der Kreuzspulmaschine ab und nicht zuletzt von der Form der Vorlagespule bzw. von der gewählten Form des Fadenabzugs. Anzustreben sind Spulen mit nicht verdichteten Rändern, die praktisch nur auf Spulmaschinen mit Hubverlegung herzustellen sind. Auch Stellen mit Band- und Spiegelbildung, die durch die Wahl einer Präzisionswicklung, Verwendung eingebauter Störgetriebe oder durch in Intervallen vorgenommene Spulenabhebung verhindert werden können, vormögen die Trocknung zu beeinflussen.

Alle Ungleichmäßigkeiten innerhalb eines zu trocknenden Spulenkörpers führen dazu, daß dem Durchgang der Trocknungsluft ein im Ganzen größerer oder - was noch schlimmer ist - stellenweise erhöhter Widerstand entgegengesetzt und die Trocknung entweder insgesamt verlangsamt wird oder einzelne Stellen im Trocknungsablauf zurückbleiben.

Die in den Kreuzspulen auftretenden Wicklungsunterschiede haben zur Folge, daß die Trocknung der in einem Apparat zusammengefaßten Spulenpartien so lange fortgesetzt werden muß, bis die Gewähr vorhanden ist, daß auch die schwerer auszutrocknenden Spulen oder Stellen innerhalb der einzelnen Spulen trocken werden. Das bedeutet, daß der Großteil des Garns der Hitzeeinwirkung unnötig lange ausgesetzt wird, was - von der Frage der Wirtschaftlichkeit abgesehen - auch qualitativ gesehen in keinem Fall wünschenswert ist. Es kommt weiterhin hinzu, daß bei langem Verbleiben der Spulen in der Endtrocknungsphase die rel. Luftfeuchtigkeit stark zurückgeht und eine übermäßige Austrocknung der Garne, häufig bis auf 2 % Materialfeuchte, eintritt. Wenn auch anderweitige Untersuchungen gezeigt haben, daß die geringen Restfeuchtigkeiten nicht allein für die bei der Trocknung auftretende Schädigung der Garne verantwortlich zu machen sind, können sie dennoch in dieser Hinsicht gewiß nicht als vorteilhaft bezeichnet werden. Werden derart tief herunter getrocknete Spulen - wie dies in vielen Fällen vorkommt - unmittelbar nach der Trocknung verpackt, abgeliefert und ohne längere Lagerung weiter verarbeitet, so muß zusätzlich eine unnötige qualitative Beeinträchtigung in Kauf genommen werden, denn bekanntlich ist das Arbeitsvermögen des Garns abhängig von seinem Feuchtigkeitsgehalt. Vereinbarungsgemäß wird dem legalen Handelsgewicht für Leinen- und Hanfgarne ein Feuchtigkeitsgehalt von 12 %[*], bezogen auf absolutes Trockengewicht, zugrundegelegt, woraus hervorgeht, daß der Spinner außerdem einen wirtschaftlichen Nachteil erleidet, wenn er das Garn auf Kreuzspulen von geringer Feuchtigkeit nach Gewicht verkauft.

Das Bestreben der Spinner geht deshalb dahin, die getrockneten Kreuzspulen wieder zu befeuchten. Das Einlagern der Kreuzspulen in Räume mit relativ hoher Luftfeuchtigkeit verbürgt zwar einen Erfolg, benötigt aber sehr lange Lagerzeiten, da sich die Wiederaufnahme der Feuchtigkeit aus der Luft (Adsorption) durch die festen Kreuzspulen über Wochen erstrecken kann. SCHEITHAUER fand bei einer Lagerung von Flachsgarnkreuzspulen (1 kg, Nm 18) in Luft von 80 % rel. Feuchtigkeit für eine Zunahme der Materialfeuchte von 7,0 bis 11,9 % eine Dauer von 15 Tagen. Von der angedeuteten niedrigen Restfeuchte an aufwärts wäre demnach noch eine längere Zeit erforderlich, wenn auch die erste Zunahme naturgemäß schneller erfolgt als die Veränderung nahe dem Gleichgewichtszustand.

Die Befeuchtung kann auch in der Weise vorgenommen werden, daß die Spulen vor ihrer Verpackung mit Wasser, dem ggf. antiseptisch und hygroskopisch wirkende Mittel beigesetzt sind, übersprüht werden. Dabei wird von der Annahme ausgegangen, daß eine von außen aufgebrachte relativ große Feuchtigkeitsmenge sich innerhalb kurzer Zeit nach den Innenschichten zu ausbreitet und sich daraufhin in der Spule ein gleichmäßiger Feuchtigkeitszustand einstellt. Eine derartige Befeuchtung muß ausreichend

---

[*] Normaler Feuchtigkeitsgehalt der Leinengarne bei 65 % rel. Luftfeuchtigkeit und 20 °C: rd. 10,5 % bei Adsorption (Feuchtigkeitsaufnahme)

vorsichtig und unter der Einschaltung häufiger Kontrollen durchgeführt werden, um sicherzustellen, daß die aufgesprühte Feuchtigkeitsmenge in einem entsprechenden Ausmaß aufgebracht und gleichmäßig auf die Spulenoberfläche verteilt wird.

Eine weitere Möglichkeit für die Wiederbefeuchtung besteht darin, daß unmittelbar anschließend an den Trocknungsprozeß die Kreuzspulen mit feuchter Luft durchblasen werden. Diese bei den modernen Trocknungsgeräten vorgesehene Möglichkeit wird in diesem Bericht ausführlich zu behandeln sein.

Vorstehend wurde von den Ungleichmäßigkeiten des Spulenaufbaus und deren Folgen auf den Trocknungsverlauf gesprochen. Jedoch kann auch die Form der Spulenaufsetzung und der Spulenabdeckung im Trockner wesentlich zur Beeinflussung bzw. zur Vergleichmäßigung der Trocknung beitragen. Die Forderungen der Praxis nach gleichmäßiger Durchtrocknung aller Schichten der Naßkreuzspulen richten sich demnach sowohl an die Konstrukteure der Kreuzspulmaschinen, als auch an die Erbauer der Trocknungsapparate.

Das TWB-Bastfaser hatte sich die Aufgabe gestellt,

a) die Trocknungsverhältnisse an einem neuzeitlichen, im praktischen Betrieb eingesetzten Trockner zu studieren und

b) bei dieser Gelegenheit die Möglichkeiten einer gleichmäßigen Wiederbefeuchtung in unmittelbarem Anschluß an die Trocknung im Apparat zu prüfen.

Für die Zurverfügungstellung der Apparatur sowie für die weitgehende Unterstützung bei der Durchführung der Untersuchungen sei an dieser Stelle den Hanfwerken Füssen-Immenstadt unser Dank ausgesprochen.

II. Versuchsdurchführung

A. Trocknungsapparatur

Die Versuche wurden mit einem modernen 3-Zonen-Kreuzspultrockner, Fabr. Jaeggle, durchgeführt.

Der Trockner besteht aus drei zu einem Aggregat zusammengebauten Abteillungen, von denen die beiden ersten von der dritten durch eine Fallwand vollständig abgetrennt werden können. Für die Unterbringung der Spulen sind eine Anzahl von Spulenwagen vorgesehen, welche die Spulen in vier Etagen mit je vier Reihen à zehn Spulen aufnehmen. Das Fassungsvermögen eines solchen Spulenwagens beträgt demnach 160 Kreuzspulen.

Abbildung 1 skizziert die erste Abteilung des Trockners. In Blickrichtung des Materialdurchganges sind die vier Etagen eines Wagens und die zehn Kreuzspulen je Reihe zu erkennen. Die Querschnittszeichnung läßt zudem die vierreihige Anordnung je Etage erkennen. Die Luftzufuhr erfolgt einseitig bei M und wird innerhalb des Wagens, so wie dies aus der Skizze hervorgeht, verteilt. Damit ergibt sich eine Aufgliederung der Etagen in 2 x 2 Reihen.

Die Kreuzspulen sitzen einzeln auf den Luftführungskanälen (Etagen) und sind mit Spulentellern abgedeckt, deren Form eine zusätzliche Bespülung der oberen Stirnfläche mit Warmluft gewährleistet. Diese Abdeckteller werden paarig von einer je Halbetage zentral zu bedienenden Einrichtung angepreßt.

Die Luftumwälzung innerhalb des Apparates erfolgt in jeder Abteilung für sich getrennt und ist weitgehend auf Ausnutzung der Umluft abgestellt. Ein großer Ventilator V_1 (Abb. 1) mit einer Leitung von ca. 7000 m^3/Std. saugt die Luft aus der betreffenden Kammer an und drückt sie mit einer Geschwindigkeit von ca. 20 m/s durch einen Luftführungskanal, in dem eine Heizbatterie H vorgesehen ist. Der Verbindung des Luftführungskanals mit dem Spulenwagen dient ein von außerhalb des Apparates zu betätigender Manschettenverschluß M. Im Spulenwagen verteilt sich die Luft sodann auf die einzelnen Etagen, wird durch die Spulen gedrückt und von dem Ventilator V_1 wieder angesaugt.

Nachdem - wie bereits erwähnt - die ersten beiden Kammern des Trockners zusammenhängen, ist es nicht zu vermeiden, daß eine gewisse Vermischung der Luft beider Führungssysteme stattfindet.

In einem Stufensystem mit drei Abteilungen erfolgt in der ersten Kammer die stärkste Verdunstung. Zur Abführung überfeuchter Trocknungsluft ist ein zusätzlicher Abluftventilator V_2 vorgesehen, welcher, durch Klappen gesteuert, mehr oder weniger von der mit Feuchtigkeit angereicherten Luft ins Freie drückt. Die Leistung des Ventilators bei geöffneter Abluftklappe ist etwa halb so groß wie die des Hauptventilators. Die Geschwindigkeit beträgt entsprechend dem gewählten Kanalquerschnitt etwa

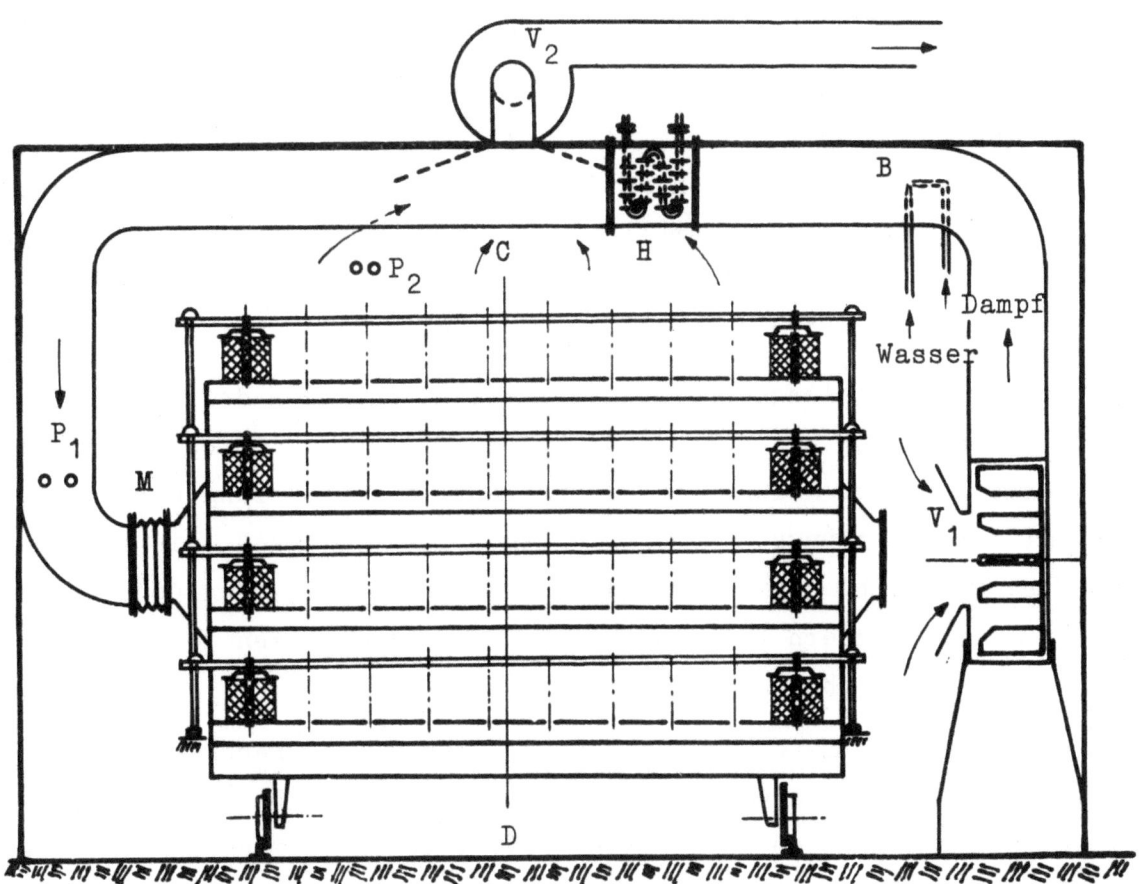

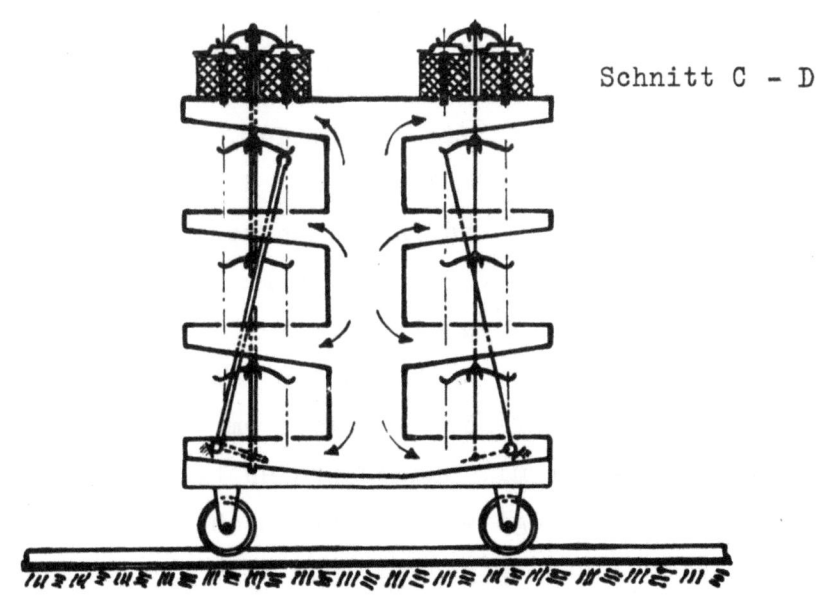

Abbildung 1
Kreuzspultrockner Fabr. Jaeggle

Forschungsberichte des Wirtschafts- und Verkehrsministeriums Nordrhein-Westfalen

12,5 m/s. Die Zufuhr der Frischluft als Ersatz für die von dem über der 1. Zone angeordneten Ventilator V_2 abgesaugten Abluft erfolgt, wenn alle 3 Zonen der Trocknung dienen, also bei hochgezogenem Zwischenschieber, durch stirnseitige Öffnungen an der Trocknerausgangsseite. Dient hingegen die 3. Zone der Wiederbefeuchtung, dann wird der Zwischenschieber herabgelassen und gibt hierbei in der Apparatdecke einen Schlitz für den Frischlufteintritt für die 2. und damit auch die 1. Zone frei.

Die Temperaturregelung erfolgt automatisch. In jedem der drei Luftzuführungskanäle ist ein Temperaturfühler zur Steuerung des Ventils in der Dampfzuleitung zur Heizbatterie eingebaut. Die Steuerung der Dampfventile erfolgt durch Leitungswasser mit einem Druck von 1 atü. Die Temperaturregelung geschieht somit für jede Kammer getrennt, wenngleich in den beiden ersten Kammern - wie bereits darauf hingewiesen - ein gewisser Temperaturausgleich stattfindet.

Für die genaue Überwachung von Temperatur und rel. Feuchte der Trocknungsluft wurde für die Dauer der Untersuchungen in den Luftzuführungskanal der ersten und dritten Kammer eine Psychrometereinrichtung P_1 eingesetzt. Zur Feststellung der rel. Feuchte der Luft nach Durchtritt durch die Spulen wurde eine zweite gleichartige Garnitur P_2 oberhalb des Spulenwagens angebracht.

Die Bedienung für den 3-Kammer-Stufentrockner ist wie folgt festgelegt: Für den Trockner sind insgesamt vier Spulenwagen vorgesehen, so daß sich im Trockner selbst jeweils drei Wagen befinden, während der vierte Wagen ent- bzw. beladen wird. Im Zeitpunkt der Neubeschickung werden die am Trocknereingang und -ausgang befindlichen sowie die zwischen der zweiten und der dritten Kammer vorgesehenen Falltüren geöffnet. Nach Stillsetzen der drei Ventilatoren wird die Verbindung zwischen Spulenwagen und Luftzuführungskanälen unterbrochen und die Spulenwagen auf den durch den ganzen Trockner laufenden Geleisen um eine Teilung verschoben. In die erste Kammer wird der mit nassen Spulen beschickte Reservewagen neu eingefahren. Sodann erfolgt wieder der Anschluß der Spulenwagen an die Luftführungssysteme. Dies geschieht für alle drei Wagen von einer zentralen Stelle außerhalb des Apparates, wofür ein zweckentsprechendes, von einem Handrad zu bedienendes Übertragungssystem vorgesehen ist. Nach Herablassen der Türen und Anstellen der Ventilatoren wird die Trocknung fortgesetzt.

Forschungsberichte des Wirtschafts- und Verkehrsministeriums Nordrhein-Westfalen

Der Beschickungs- bzw. Wechselturnus ist jeweils in Abhängigkeit von Garnsorte, Garnnummer, Spulengröße, Spulengewicht und Wicklungshärte zu wählen und richtet sich nach den örtlichen Bedingungen und vor allem nach der gewählten Trocknungstemperatur.

B. Feststellung des Trocknungsverlaufes in den Kreuzspulen

Um die Trocknungskurven, d.h. die Kurven der Feuchtigkeitsabnahme über der Trocknungszeit aufzustellen, mußte innerhalb gewisser Zeitintervalle der Feuchtigkeitsgehalt der zu trocknenden Kreuzspulen ermittelt werden. Das TWB-Bastfaser hat hierfür ein besonderes und bereits an anderer Stelle beschriebenes Verfahren unter Einsatz des Elektrofeuchtigkeitsmessers "Textometer" der Elektromechanischen Werkstätten Dr.-Ing. H. Mahlo, Saal/Donau, entwickelt. Bekanntlich messen diese Geräte den von der Feuchtigkeit abhängigen elektrischen Widerstand des Materials. Für die Messung im niedrigen Feuchtigkeitsbereich - zwischen 7 und 16 % - wurde das übliche Netzgerät, Typ BMS, eingesetzt. Zur Erfassung des Feuchtigkeitsbereiches oberhalb 16 % bis zu der Einsatzfeuchtigkeit der Kreuzspulen zwischen 60 - 70 % wurde das Textometer-Batteriegerät, Typ CMB, benutzt. Mit Hilfe dieser beiden Geräte konnte somit die Feuchtigkeitsabnahme vom Einsatz bis zur Trocknung auf ca. 7 % Feuchtigkeit verfolgt werden. Die Feststellung der Restfeuchte erfolgte auf dem Wege der Konditionierung.

Die Messungen wurden über Nadelelektroden, die, in das Prüfgut eingeführt, den elektrischen Widerstand zwischen den Garnlagen abfühlten, vorgenommen. Der in seiner Größe von der Höhe dieses Widerstandes abhängige Strom wurde über Meßleitungen und einen Meßkopf dem Gerät zugeleitet und von diesem angezeigt.

Die Anzeige erfolgte in Ohm-Werten, die über materialabhängige Eichkurven in absolute Feuchtigkeitsprozente - bezogen auf das absolute Trockengewicht des Materials - umgerechnet werden konnten.

Das Fortschreiten der Trocknung wurde in 3 Radial- und 3 Höhenschichten der zur Messung kommenden Kreuzspulen festgestellt, so daß innerhalb einer Spule insgesamt 9 Meßstellen vorhanden waren. Einschränkend hierzu muß allerdings gesagt werden, daß die Messung nur an einem relativ kleinen Spulensektor ausgeführt werden konnte, so daß die Werte nur unter der Voraussetzung einer gleichmäßigen Feuchtigkeitsverteilung in den

Spulen gelten konnten. Die Messung der 3 Radialschichten erfolgte in der Weise, daß hierzu Nadeln unterschiedlicher Länge verwendet wurden, die von außen bis zu der Meßschicht der Kreuzspule eingesteckt wurden. Um sicherzustellen, daß lediglich das Meßergebnis in der jeweils betrachteten Schicht zur Anzeige kam, mußten die eingeführten Nadelelektroden, außer an ihren blanken Spitzen, mit einer feuchtigkeits- und temperaturfesten Isolierung versehen werden. Es ist darauf hinzuweisen, daß bei der Widerstandsmessung, wie sie bei den Textometergeräten angewandt wird, jeweils die feuchteste Stelle in einem Umkreis von ca. 15 mm Radius um die nicht isolierte Nadelspitze angezeigt wird. Daraus ergibt sich, daß der erfaßte Feuchtigkeitswert im jeweiligen Meßraum nur in Annäherung für die gesamte Schicht gilt.

Dem Meßprinzip entsprechend gehört zu jeder Nadelelektrode eine geerdete Nadel (Massenadel). Bei dem angewandten Verfahren konnte für je 3 Nadelelektroden einer Höhenschicht eine durch alle 3 Radialschichten gehende Massenadel verwendet werden.

Jede einzelne Nadelelektrode konnte mittels einer eigenen Zuleitung und Steckvorrichtung mit dem Meßkopf und damit mit dem Anzeigegerät verbunden werden. Durch einfaches Umstecken konnte die Abnahme der Feuchtigkeit während des Trocknungsvorganges laufend und nacheinander an jeder der 9 Meßstellen der Kreuzspule ermittelt werden.

Die normale Ausführung des Textometers, Typ BMS, gestattet die Feststellung von Feuchtigkeiten nur in einem normalen Temperaturbereich zwischen 15 - 25 °C. Bei höheren Temperaturen, wie sie im vorliegenden Falle zur Anwendung kamen, verschiebt sich die Charakteristik des Apparates derart, daß die normalen Skalen unbrauchbar werden. Deshalb waren für beide Geräte neue Kurven aufzustellen, welche für die in Frage kommenden Temperaturbereiche die Abhängigkeit zwischen den angezeigten Ohm-Werten und der prozentualen Materialfeuchtigkeit ablesen ließen. Diese, für Flachsfasergarne vom TWB-Bastfaser ermittelten Eichkurven enthält Abbildung 2. Die Eichpunkte wurden derart gefunden, daß der an Garnproben verschiedener Feuchtigkeit bei einer bestimmten Temperatur festgestellte Meßwert am Textometer mit der durch Konditionierung ermittelten Materialfeuchte in Abhängigkeit gebracht wurde. Die Eichkurven sind in logarithmischem Maßstab gezeichnet.

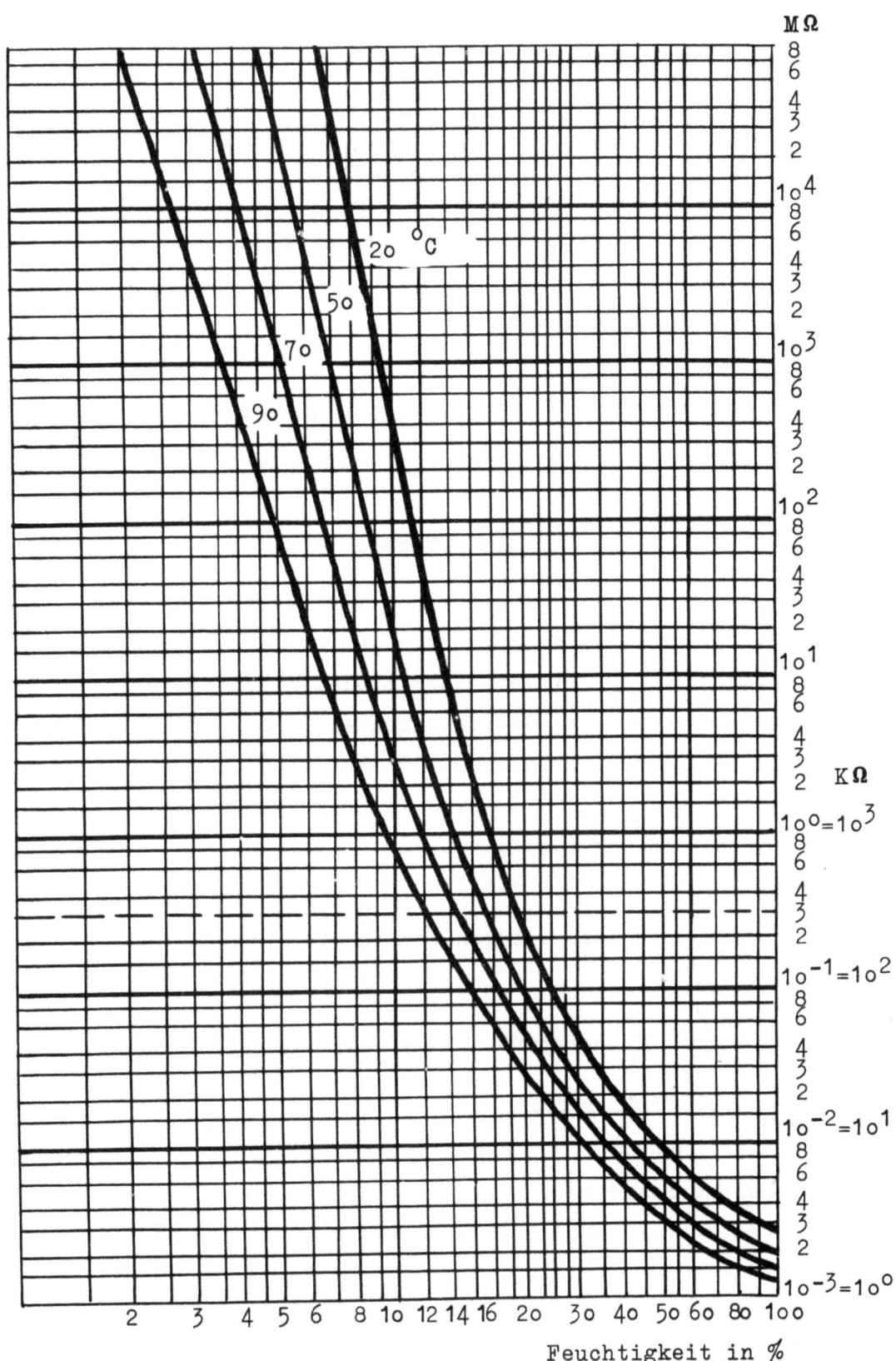

Abbildung 2
Textometer-Eichkurven für Flachs

Forschungsberichte des Wirtschafts- und Verkehrsministeriums Nordrhein-Westfalen

Die Messungen an den Kreuzspulen während des Trocknens in dem 3-Zonen-Trockenapparat wurden dadurch erschwert, daß die Spulenwagen, auf welchen die Meßspulen saßen, von Kammer zu Kammer wechselten. Sie wurden in der Weise vorgenommen, daß für die Feststellungen in der ersten Kammer etwa 4 m lange Meßkabel eingesetzt wurden, die auch nach Verschiebung der Wagen in die zweite Kammer in ihrer Länge ausreichten. Nach dem Wechsel des Spulenwagens in die 3. Kammer mußte ein zweiter Satz Leitungskabel eingesetzt werden, welcher vom Trocknerende aus in den Apparat eingeführt wurde.

Die Ablesungen an den Textometergeräten wurden jeweils in Abständen von 20 min vorgenommen. Die Messungen erfolgten jeweils an zwei Kreuzspulen.

C. Versuchsgliederung

Alle Trockenversuche wurden mit einem Flachswerggarn Nm 6, roh, vorgenommen. Für die Meßspulen wurde Garn der gleichen Spinnpartie verwendet. Das Kreuzspulen wurde auf derselben Spulspindel einer Schlafhorst-Exzenterkreuzspulmaschine ohne Gewichtsausgleich durchgeführt. Die Abmessungen der Spulen waren: Durchmesser 170 mm, Höhe ca. 145 mm, entsprechend einem Fadenführerhub von 150 mm, Hülsenaußendurchmesser 38 mm. Gewicht der Spulen: rd. 1400 g. Die Garne waren auf einer Mackie-Hängeflügel-Naßspinnmaschine mit 3 1/2"-Teilung gesponnen.

Die vorgenommenen Untersuchungen können in 4 Gruppen aufgeteilt werden:

1. Allgemeine Beobachtungen

   Hierbei wurden Temperatur-, Druck- u.ä. Verhältnisse beobachtet.

2. Trocknung in einer Kammer

   a) Trocknungsverlauf bei nahezu geschlossener Luftklappe und dementsprechend hoher rel. Luftfeuchtigkeit.
   b) Trocknungsverlauf bei geöffneter Abluftklappe und dementsprechend geringerer Luftfeuchtigkeit.

3. Trocknung in drei Kammern

   a) Trocknungsverlauf bei einer Trocknung von 3 x 80 min Dauer und geöffneter Abluftklappe in der ersten Kammer.
   b) wie a), jedoch mit verschieden großen Hülsendurchmessern und unterschiedlicher Hülsenperforation.

c) wie a), jedoch mit konischen Hülsen.
d) wie a), jedoch mit hochgesetzten Spulen bzw. zweckentsprechenden Untersätzen.

4. <u>Feststellung der Möglichkeiten einer schnellen und gleichmäßigen Wiederbefeuchtung in der abgeteilten dritten Kammer.</u>

III. Versuchsergebnisse

1. Allgemeine Betrachtungen

Dauerbeobachtungen des Trocknungsverlaufes hatten die Vermutung aufkommen lassen, daß innerhalb eines Spulenwagens je nach Lage der einzelnen Spulen Unterschiede in der Trocknungszeit auftreten. Messungen ergaben, daß in den einzelnen Etagen zwischen Lufteintritts- und gegenüberliegender Seite des Wagens Differenzen bis zu 6 °C vorhanden sind. Dies kann damit erklärt werden, daß die in den Spulenwagen einströmende Luft mit der Geschwindigkeit von ca. 20 m/s an das Wagenende gedrückt wird, dort aufprallt und dadurch an diesen Stellen eine Luft- und Temperaturstauung verursacht, die - wie erwähnt - dort zu dem gekennzeichneten Temperaturanstieg führt. Es sei dahingestellt, ob diese kleinen Unterschiede von 4 - 6 °C für eine gleichmäßige Trocknung von Bedeutung sind, besonders unter Berücksichtigung ohnehin vorhandener Wicklungsverschiedenheiten zwischen den Spulen.

Gleichzeitig konnten zwischen Lufteintritts- und gegenüberliegender Seite des Spulenwagens Druckdifferenzen festgestellt werden. Bei einer mittleren Druckhöhe von 100 mm WS ergab die Messung an der Gegenseite bis zu 20 mm WS Überdruck. Die Luft expandiert sofort nach Austritt aus dem engen Luftführungskanal und Eintritt in den immerhin großräumigeren Spulenwagen und büßt damit an Druck ein. An der Spulenwagen-Endseite hingegen erfolgt - wie bereits erwähnt - eine Stauung, die sich in einem Druckanstieg auswirkt. Es wird möglich sein, durch Einbau entsprechender Leitbleche o.ä. Einrichtungen eine bessere Luftverteilung innerhalb des Spulenwagens zu erzielen und damit zu einer Vergleichmäßigung der Trocknungswirkung für die Spulen eines Wagens zu kommen. Die gemachten Beobachtungen wurden von dem Bedienungspersonal bestätigt. Demnach ist es bekannt, daß die Spulen an der Lufteintrittsseite des Spulenwagens eine längere Trocknungszeit benötigen. Während sich dabei die relativ kleinen

Temperaturunterschiede weniger auswirken dürften, ist die Differenz im Staudruck ernster zu nehmen.

Moderne Textiltrockner besitzen eine automatische Temperaturregelung, so auch der besprochene Apparat. Hierzu kann aufgrund von Erfahrungen gesagt werden, daß Regeleinrichtungen dieser Art auch über längere Zeitperioden die eingestellte Temperatur innerhalb durchaus annehmbarer Schwankungsgrenzen halten, vorausgesetzt, daß die Anlage mit Dampf von annähernd gleichem Druck versorgt wird. Größere Unterschiede im Dampfdruck stellen die Regelung infrage. Mit Schwankungen des Dampfdruckes ist aber insbesondere in Betrieben, in denen der Dampf nur für Wärmezwecke verwendet wird, zu rechnen. In solchen Fällen schafft der Einbau eines auf Minimaldruck eingestellten Reduzierventils praktische Abhilfe. Eine Regelung auf Temperaturausgleich des Heizdampfes ist, wenn überhaupt mit ausreichender Präzision möglich, teurer und umständlicher.

Zur Steuerung der Dampfeinlaßventile wurde - wie bereits erwähnt - Leitungswasser von 1 atü benutzt. Trotz vorgeschalteter Filtereinrichtung traten durch Unreinigkeiten, die sich vor die Steuerdüsen setzten, Unregelmäßigkeiten in der Regelung ein. Eine zuverlässigere Arbeitsweise ist von elektrisch wirkenden Steuereinrichtungen zu erwarten. Steuerwasserleitungen müssen außerhalb des Trockners geführt werden, um ein Niederschlagen und Abtropfen der Luftfeuchtigkeit an diesen Leitungen im Trockenraum zu vermeiden.

Die Verwendung eines Mehrstufentrockners macht die Einhaltung eines bestimmten Beschickungssystems mit gleichen Zeiten in den einzelnen Kammern erforderlich. Die Gesamttrocknungszeit steht im Zusammenhang mit der zu trocknenden Garnart, Garnnummer und Spulengröße. Weiterhin sind selbstverständlich die Außenluftverhältnisse mitbestimmend, soweit vorwiegend mit Frischluft gearbeitet wird. Unterschiede in der rel. Feuchtigkeit der Außenluft wirken sich beschleunigend bzw. verzögernd auf den Trocknungsvorgang aus, was durch eine höhere Trocknungstemperatur ausgeglichen werden kann, wenn von dem Trockner eine bestimmte Leistung verlangt wird. Bei ungünstigen Frischluftverhältnissen reichen die festgelegten Zeiten nicht aus, um eine Spulenpartie zu trocknen. Die Spulen kommen mit zu hohem Feuchtigkeitsgehalt in die 3. Kammer, in der sodann die Endtrocknung merklich stockt, da die feuchte Luft nicht in ausreichendem Maß aus der Kammer entweichen kann. Für derartige Fälle sollte ein Abluftventilator vorhanden sein.

Forschungsberichte des Wirtschafts- und Verkehrsministeriums Nordrhein-Westfalen

Während der Versuchszeit herrschte im Aufstellungsraum des Trockners eine Temperatur von 22 - 25 °C. Die Außentemperatur lag innerhalb der gleichen Größenordnung. Es zeigte sich nun im Betrieb, daß selbst bei abgestelltem Dampfeinlaßventil die Trocknungslufttemperatur in den einzelnen Kammern nicht unter 45 - 50 °C sank, was auf Eigenerwärmung der mit hoher Geschwindigkeit bewegten Luft durch Kompression und Reibungswiderstände im geschlossenen Kreislaufsystem zurückzuführen sein dürfte.

Bei der Trocknung von Bleich- und gefärbten Garnen ist eine Filterung der vom Ventilator angesaugten Luft notwendig. Garnverschmutzungen sind sonst unvermeidlich, vor allem dann, wenn die Luftleistung hoch und der Luftansaugstutzen nahe dem Boden angeordnet ist.

2. Trocknung in nur einer Kammer

Wie aus der Apparatebeschreibung hervorgeht, ist die erste Kammer des verwendeten Mehrstufentrockners mit einem Abluftventilator versehen. Eine zwischengeschaltete Klappe gestattet die Regelung der abgesaugten Luftmenge. Diese Möglichkeit wurde ausgenützt, um den Einfluß verschieden hoher rel. Luftfeuchtigkeiten auf den Trocknungsvorgang und die Garnqualität zu ermitteln. Entgegen dem üblichen Vorgang wurden Spulenpartien in der ersten Kammer belassen und dort zu Ende getrocknet. Gleichzeitig wurde die rel. Feuchtigkeit sowohl der eingeblasenen als auch der nach Spulendurchgang mit Wasserdampf angereicherten Luft gemessen und registriert.

a) Trocknungsverlauf bei nahezu geschlossener Abluftklappe

Abbildung 3 zeigt den Verlauf der Trocknung als ausgezogene Linie der Materialfeuchtigkeit, gemittelt aus den Meßergebnissen an 9 Stellen der Kreuzspule. Gestrichelt gezeichnet ist die Veränderung der Luftfeuchtigkeit vor Eintritt in die Spule, strichpunktiert die der Abluftfeuchtigkeit.

Der Verlauf der Schaulinien zeigt, daß beim Arbeiten mit Umluft, d.h. mit fast geschlossener Abluftklappe sich anfänglich ein hoher Feuchtigkeitsgehalt der Trocknungsluft einstellt, bedingt durch die noch höhere Feuchtigkeit der aus der Spule austretenden Luft. Der Unterschied der Luftfeuchtigkeiten hinter und vor den Spulen ist zurückzuführen auf die dazwischenliegende Wiedererwärmung durch die Heizbatterie, gegebenenfalls auch durch die immerhin hinzutretende Frischluft. Mit fortschreitender

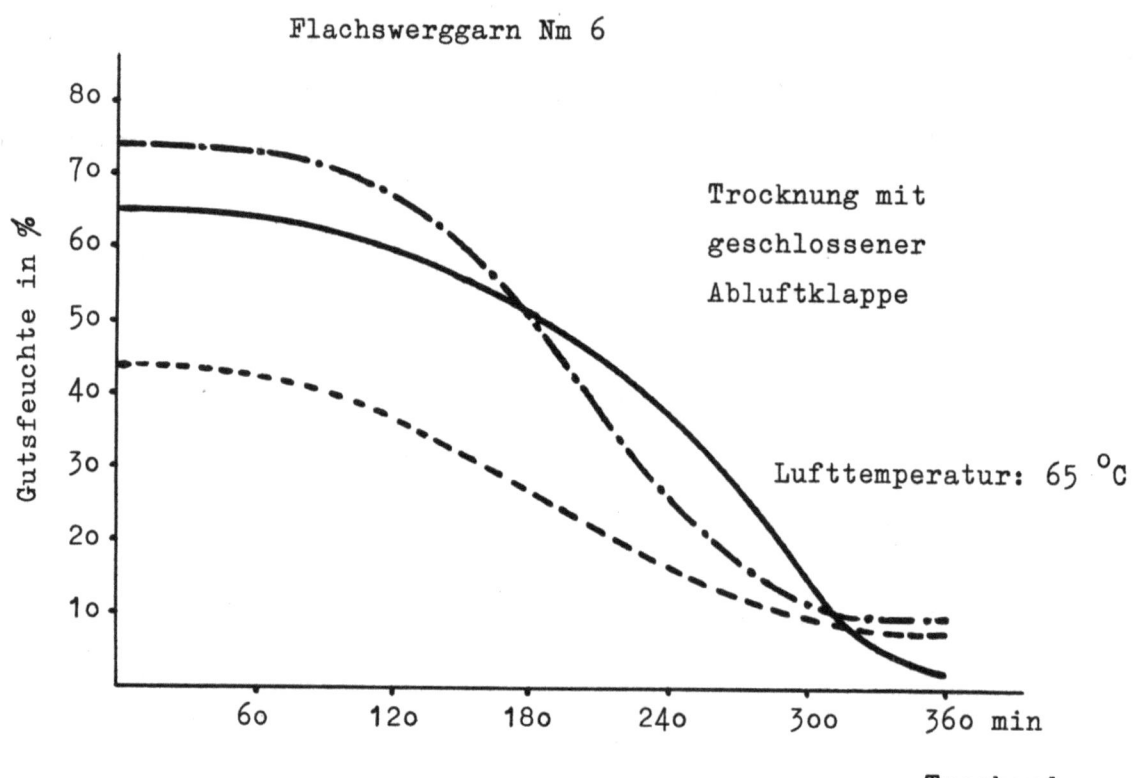

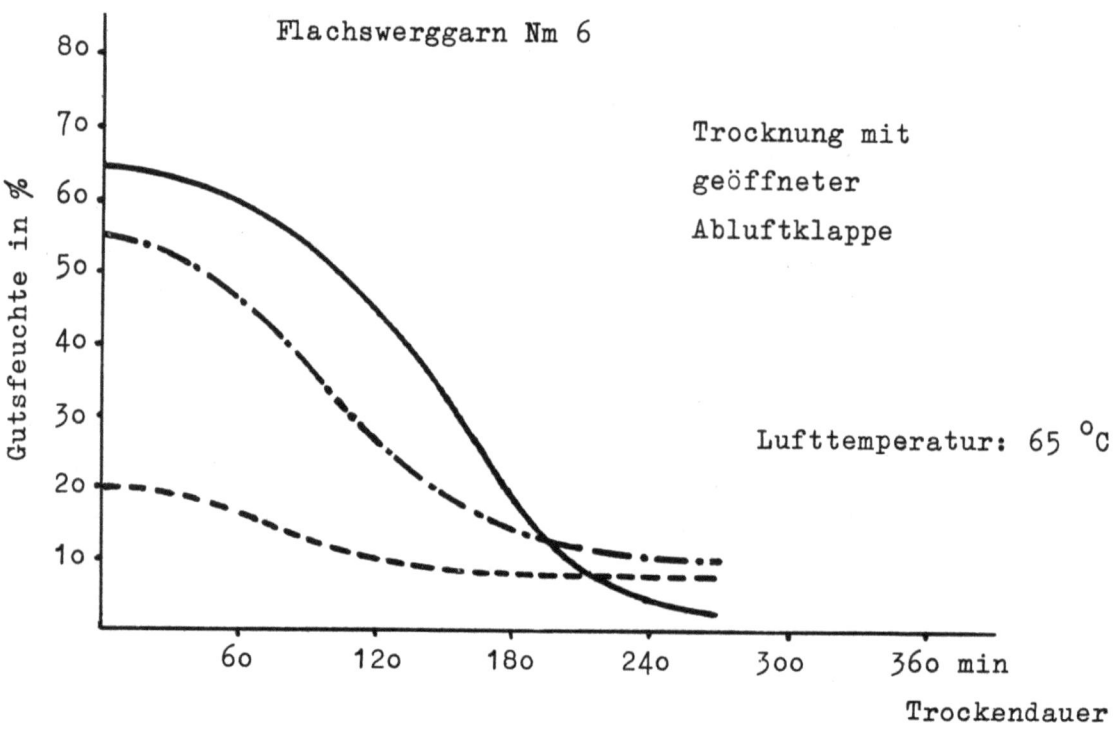

Abbildung 3
Kreuzspultrockner für Bastfasergarne

Trocknung gehen die Feuchtigkeiten der Zu- und Abluft zurück. Ihr Abstand verringert sich, bis sie nach vollendeter Trocknung einander nahezu gleich sind.

Die hohe Luftfeuchtigkeit bedingt eine Verzögerung des Trocknungsvorganges, der bei einer Lufttemperatur von 65 °C nach 360 min beendet war. Demgegenüber steht bei Umluftbetrieb der Vorteil einer guten Wärmeausnützung.

Es herrschte bisher die Ansicht vor, daß ein Trocknungsprozeß in Bezug auf das Garn umso schonender vor sich geht, je höher die rel. Feuchtigkeit der Trocknungsluft ist. In den bereits eingangs angezogenen früheren Berichten des TWB-Bastfaser konnte wiederholt nachgewiesen werden, daß diese Annahme zu Unrecht besteht. Ein Blick auf die folgende Tabelle gibt darüber Aufschluß, daß sich die Zunahme der rel. Luftfeuchtigkeit ungünstig auf die Garnqualität auswirkt. Tabelle 1 zeigt den Einfluß der Trocknungsluftfeuchtigkeit auf die Reißlänge folgender Bastfasergarne: Flachsgarn Nm 21, Flachswerggarn Nm 10, Langhanfgarn Nm 6 und Hanfwerggarn Nm 5. Angegeben ist die prozentuale Schädigung, verglichen mit außerhalb des Trockners bei Zimmertemperatur getrockneten Proben jeweils der gleichen Spule.

Tabelle 1

°C	rel.LF. %	Mittlere Reißlängenverluste in %			
		Flachsgarn Nm 21	Flachswergg. Nm 10	Langhanfg. Nm 6	Hanfwergg. Nm 5
50	7	5,7	10,4	3,9	1,2
	30	7,3	13,7	-	-
	50	8,3	15,3	-	-
70	7	6,2	15,8	6,2	2,8
	30	8,3	15,3	7,9	5,3
	50	11,9	22,4	-	-
	60	-	-	8,7	7,9
90	7	7,3	19,1	7,2	6,4
	30	11,9	22,4	9,4	8,5

In allen Fällen ist die Zunahme der Schädigung mit ansteigender Feuchtigkeit der Trocknungsluft klar zu erkennen, ebenso wie die Steigerung der Trocknungslufttemperatur in bekannter Weise zur Erhöhung der Schädigung beiträgt. In den erwähnten Berichten wurde ausführlich auf die diesbezüglichen Zusammenhänge und Ursachen eingegangen.

Der Verzögerung der Trocknung beim Arbeiten mit feuchter Umluft stehen also qualitative Vorteile nicht gegenüber.

b) Trocknungsverlauf bei geöffneter Abluftklappe

Eine Entfernung der mit Feuchtigkeit stark angereicherten Trocknungsluft durch den Abluftventilator hat einen deutlichen Abfall der rel. Feuchtigkeit der in die Spulen gedrückten Trocknungsluft und einen erheblichen Rückgang der Trocknungszeit zur Folge.

Abbildung 3 unten gibt als ausgezogene Linie den Trocknungsverlauf, an 9 Stellen der Kreuzspule gemessen und gemittelt, wieder. Gestrichelt ist die Feuchtigkeitskurve der in die Spulen gedrückten Luft, strichpunktiert die Kurve für die Luftfeuchte oberhalb der Kreuzspulen gezeichnet. Der Unterschied gegenüber dem Arbeiten mit geschlossener Abluftklappe ist, wie bereits gesagt, sehr deutlich. Die Trocknung ist unter dem Einfluß der infolge Beimischung von Frischluft wesentlich weniger feuchten Trocknungsluft bei 65 °C bereits nach 270 min beendet. Dies bedeutet eine Zeiteinsparung von 25 %, bezogen auf die Trocknung im Umluftbetrieb.

Daß die Undichtigkeit des Apparates auch bei nahezu geschlossener Abluftklappe einen reinen Umluftbetrieb nicht möglich macht und eine erhebliche Zufuhr von Frischluft immer vorhanden ist, ergibt sich daraus, daß in beiden in Abbildung 3 dargestellten Fällen der Luftzustand schließlich bei beendeter Trocknung der gleiche ist (vergl. die gestrichelt und strichpunktiert gezeichneten Linien der Trocknungsluftfeuchtigkeiten).

Die beim Arbeiten mit Frischluft sich einstellenden geringen Luftfeuchtigkeiten lassen auch qualitativ ein besseres Garn erwarten. Dementsprechend hat diese Art der Trocknung erhebliche Vorteile für sich in Anspruch zu nehmen, denen allerdings ein erhöhter Wärmeverbrauch gegenüber steht.

Forschungsberichte des Wirtschafts- und Verkehrsministeriums Nordrhein-Westfalen

3. Trocknung in drei Kammern

a) Trocknungsverlauf bei einer Trocknung von 3 x 80 min, Abluftklappe in der ersten Kammer geöffnet

Einleitend wurde gesagt, daß die Trocknung in dem zum Einsatz gebrachten Apparat stufenweise erfolgt. Der Wechsel von einer Kammer in die andere wird in durch Garnnummer, Spulengröße und Material bestimmten Zeitabschnitten vorgenommen. Während der Versuche wurde der Wechsel alle 80 min ausgeführt.

Abbildung 4 oben zeigt den Verlauf der Materialfeuchtigkeitsabnahme in den drei Zonen. Die dünn ausgezogenen Linien sind die Trocknungskurven für die drei Radialschichten der Kreuzspule, außen, Mitte und innen. Die stark ausgezeichnete Linie ist eine Mittelwertskurve. Wie ersichtlich, trocknet die an der Hülse liegende, mit der Trocknungsluft zuerst in Berührung kommende Innenschicht vor. Sodann folgt die Mittelschicht und, zumindest in der zweiten Hälfte des Trocknungsprozesses, die Außenschicht. Die letztere verhält sich allerdings im Anfangsstadium der Trocknung dem Vorgesagten widersprechend, da ihre Anfangsfeuchtigkeit etwas geringer ist als die der beiden anderen Schichten, was auf Austrocknung von außen zurückzuführen ist.

Zwischen 25 bis 30 % ist der Bereich der Sättigungsgrenze eingezeichnet. Es handelt sich dabei um die dem Gleichgewichtszustand bei 100 % rel. Luftfeuchtigkeit entsprechende Materialfeuchte von Bastfasern. Die Berücksichtigung dieser Sättigungsfeuchte ist wesentlich für die Lenkung des Trocknungsvorganges, wie aus den nachstehenden Erläuterungen klar wird.

Durch Auswertung der Trocknungskurven ist es bei Kenntnis der Abhängigkeit zwischen Materialfeuchtigkeit und Feuchtigkeit der umgebenden Luft (Sorptionslinien; vergl. Trocknungsberichte des TWB-Bastfaser) nach einem von FOURNE angegebenen Verfahren möglich, für die verschiedenen Luftzustandsverhältnisse den Verlauf der Gutstemperatur während des Trocknungsvorganges darzustellen (Gutstemperaturkurven).

In Abbildung 4 unten ist gestrichelt die der darüber befindlichen Mittelwertkurve der Trocknung entsprechende Kurve der Gutstemperatur bei 65 °C und 13 % rel. Feuchtigkeit der Trocknungsluft - etwa entsprechend dem

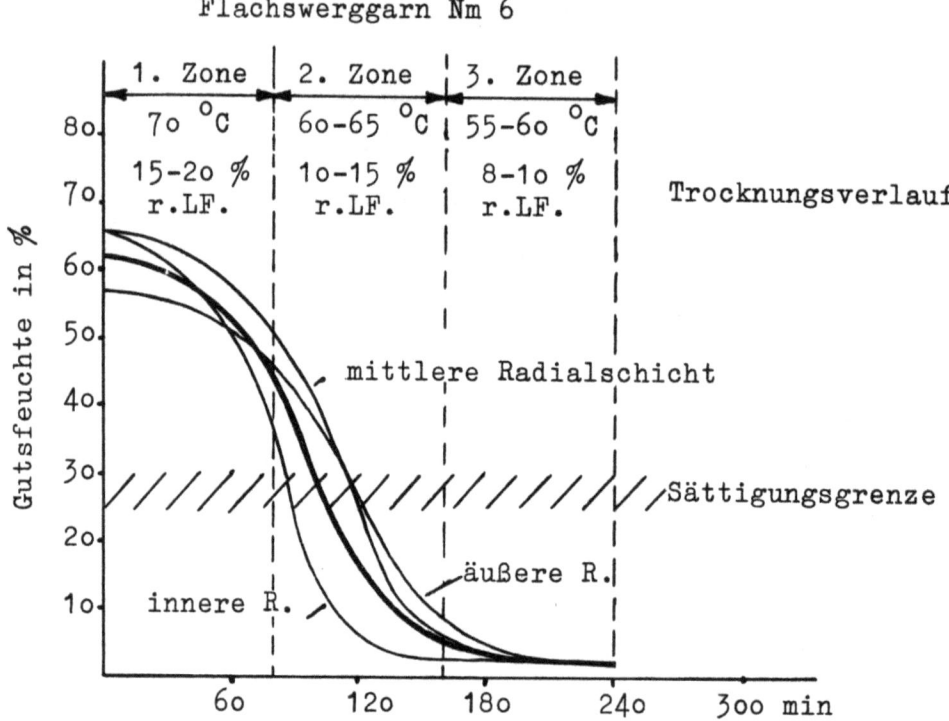

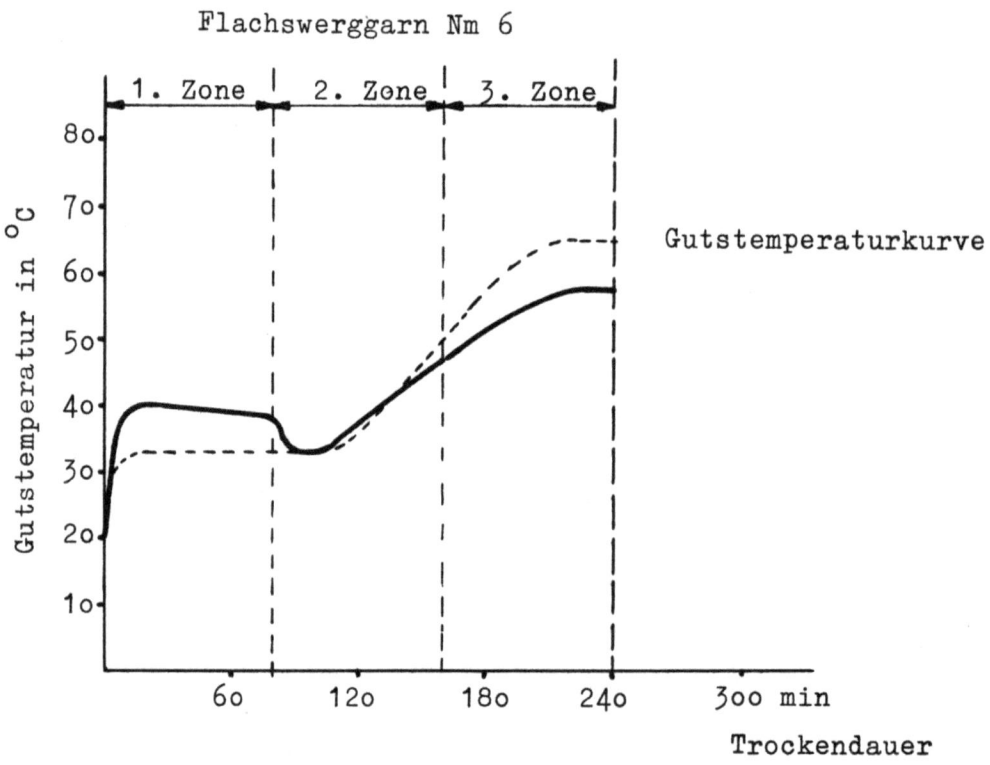

Abbildung 4
Kreuzspultrockner für Bastfasergarne

Zustandsmittel der drei Kammern - eingezeichnet. Danach vollzieht sich der Trocknungsvorgang in typischen Abschnitten:

1) Solange die Gutsfeuchte über der Sättigungsfeuchte des Garns liegt (rd. 27 %), ist die Gutstemperatur konstant und von der rel. Luftfeuchte und Trocknungslufttemperatur in direktem Verhältnis abhängig. Die Gutstemperatur steigt also in diesem Abschnitt der Trocknung nicht nur mit der Temperatur, sondern auch mit der rel. Luftfeuchtigkeit an. Dieser Abschnitt und dementsprechend die Einwirkungszeit der sich einstellenden Gutstemperatur ist aber umso kürzer, je höher die Temperatur, und umso länger, je höher die rel. Luftfeuchtigkeit ist. Aus diesen Abhängigkeiten ergibt sich die Möglichkeit, den schädlichen Einfluß hoher Trocknungsluftfeuchtigkeiten zu erklären.

2) Ein zweiter Abschnitt der Trocknung setzt ein, wenn die Sättigungsgrenze des Garns unterschritten wird. Die Gutstemperatur nimmt stetig zu.

3) Bei Eintritt des Gleichgewichtszustandes zwischen Garnfeuchte und rel. Luftfeuchte erreicht die Gutstemperatur die Höhe der Trocknungslufttemperatur. Damit ist der Trocknungsprozeß abgeschlossen.

Die oben beschriebene und in Abbildung 4 unten gestrichelt eingezeichnete Kurve gilt für einen bestimmten und konstanten Luftzustand, im gezeichneten Fall - wie bereits erwähnt - für 65 °C und 13 % rel. Luftfeuchte. Wie bei der Darstellung der Trocknungskurven angegeben, war die Trocknungsluft in den drei Kammern des Trockners demgegenüber nicht konstant, und auch innerhalb der Kammern ergab sich anhand der Meßergebnisse eine mit fortschreitender Trocknung abnehmende Luftfeuchtigkeit. Deshalb ist die eigentliche Gutstemperaturkurve für die beobachteten Spulen, wie die stark ausgezeichnete Linie zeigt, von der für konstanten Luftzustand geltenden etwas abweichend.

Aus der Kenntnis des Verlaufs der Gutstemperaturkurve und ihrer Beeinflussung durch Temperatur und rel. Feuchtigkeit der Trocknungsluft ergibt sich die Möglichkeit einer zweckmäßigen Steuerung des Trocknungsvorganges in einem Mehrzonentrockner.

1) In der ersten Stufe, in der die Materialfeuchtigkeit noch oberhalb der Sättigungsgrenze liegt, siehe Abbildung 4 oben, kann die Lufttemperatur relativ hoch sein, sofern die rel. Luftfeuchtigkeit niedrig gehalten wird. Diese beiden Faktoren sind derart abzustimmen, daß die

Gutstemperatur die Größenordnung von 40 °C nicht überschreitet. Die nachstehende Tabelle 2 aus anderweitig gemachten Versuchen (vergl. Trocknungsberichte des TWB-Bastfaser) bringt eine Übersicht der Gutstemperaturen, die sich in dem geschilderten ersten Abschnitt der Trocknung je nach Lufttemperatur und -feuchtigkeit einstellen.

Während die Höhe der Gutstemperatur festliegt, ist ihre Einwirkungszeit abhängig von der Größe und Wicklung der Spulen. Es wurde bereits gesagt, daß hohe Lufttemperatur diese Zeit verkürzt, hohe rel. Luftfeuchte sie verlängert. Es sollte darauf gesehen werden, daß in der ersten Zone die Sättigungsgrenze erreicht oder nahezu erreicht wird, d.h., daß die Spulenfeuchtigkeit bis auf etwa 30 % gebracht wird. Ein Unterschreiten der Sättigungsgrenze (25 - 30 %) darf allerdings in dieser ersten Zone mit rel. hoher Trocknungstemperatur nicht stattfinden. Für einen 2-Zonentrockner ist deshalb dieser Vorschlag nur in abgewandelter Form anwendbar.

Tabelle 2

Temp. °C	rel.LF. %	Gutstemp. °C	Einwirkungszeit %
50	7	24	100
	30	33	170
	50	39	240
70	7	34	70
	30	48	100
	50	55	175
90	7	46	60
	30	63	90

In der vorstehenden Tabelle ist die Dauer des ersten Trocknungsabschnittes, prozentual bezogen auf die Zeit bei 50 °C und 7 % rel. Luftfeuchte, angegeben. Selbstverständlich können die Zahlen nur ihrer Größenordnung nach gewertet werden.

2. In der zweiten Stufe nach Unterschreiten der Sättigungsgrenze sollte die Trocknungslufttemperatur auf ca. 60 bis 65 °C gesenkt werden, da da hier das Ansteigen der Gutstemperatur beginnt.

3) In der dritten Stufe ist die Temperatur weiter zu senken, da in diesem Abschnitt die Angleichung zwischen Guts- und Trocknungslufttemperatur erfolgt.

b) Einfluß verschieden großer Hülsendurchmesser und unterschiedlicher Hülsenperforation

Zur Verkürzung der Trocknungszeit kann entweder bei gleichen Hülsen die Perforation vergrößert werden, oder es können Hülsen mit größerem Durchmesser verwendet werden.

Abbildung 5 zeigt den Trocknungsverlauf in einer Flachsgarn-Kreuzspule aus anderweitigen Versuchen. Die Trocknungskurve mit Endpunkt bei 160 min wurde mit einer Hülse üblicher Ausführung, Außendurchmesser 26,5 mm, 2,3 Löcher/cm^2 Hülsenfläche und Lochdurchmesser von 3 mm aufgenommen. Mit einer Hülse, die 8,7 Löcher/cm^2 bei 3,5 mm Lochdurchmesser aufzuweisen hatte, erfolgte die Trocknung einer Spule gleicher Abmessungen gemäß der zweiten in Abbildung 5 eingezeichneten Kurve, die das Ende der Trocknung bereits bei 120 min anzeigt. Der günstige Einfluß einer stärkeren Perforation ist nicht zu übersehen.

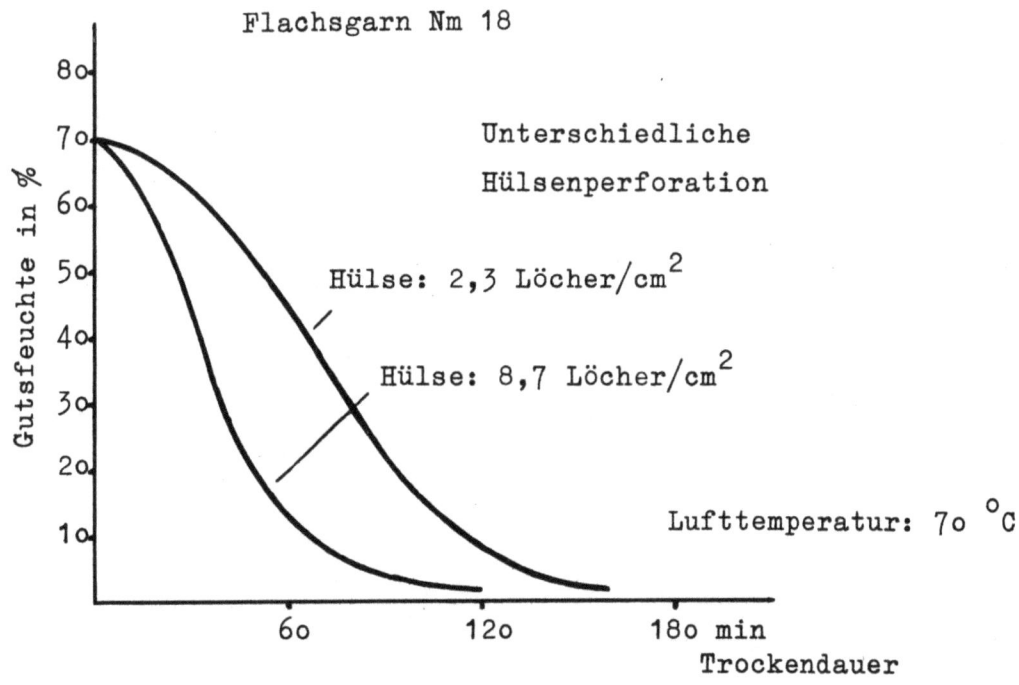

Abbildung 5
Kreuzspultrockner für Bastfasergarne

Ähnlich ändern sich die Verhältnisse, wenn bei der Trocknung Hülsen mit unterschiedlichen Durchmessern verwendet werden. Die Spulen mit weiteren Hülsen trocknen rascher.

Für den Versuch waren Kreuzspulen hergestellt worden, aus denen die üblichen Papphülsen und inneren Garnlagen entfernt wurden, und zwar derart, daß bei Spule I ein Hülsenraum von 45 mm Durchmesser, bei Spule II ein solcher von 65 mm entstand. In beiden Fällen wurde der Garnauftrag mit 65 mm gleich stark gehalten und unterschiedliche Außendurchmesser in Kauf genommen.

Da die letztgenannte Maßnahme verschieden große Garnvolumen der beiden Spulen mit sich brachte, ist der unmittelbare Vergleich der zugehörigen Trocknungskurven im Schaubild nicht gestattet. Die nachfolgende Tabelle 3 enthält die Abmessungen der Spulen und die festgestellten Daten der Trocknung.

Tabelle 3

	Spule I 45 mm Hülse	Spule II 65 mm Hülse
Spulenhub	145 mm	145 mm
Innendurchmesser der Spule	45 mm	65 mm
Außendurchmesser der Spule	175 mm	195 mm
Garnauftrag	2 x 65 mm	2 x 65 mm
Materialfeuchte 180 min nach Einsatz	20,8 %	15,0 %
Gesamttrocknungszeit	ca. 320 min	ca. 300 min
Garnvolumen	3,26 dm^3	3,84 dm^3
Volumenvergrößerung	--	0,58 dm^3
Innenfläche	2,05 dm^2	2,96 dm^2
Flächenvergrößerung	--	0,91 dm^2

Trotz des bei Spule II um 0,58 dm^3 größeren Garnvolumens erfolgt die Abnahme der Feuchtigkeit schneller. Nach 180 min Trocknungsdauer hat Spule II nur noch 15 % Feuchtigkeit gegenüber 20,8 % bei Spule I. Die Gesamttrocknungszeit ist um 20 min verkürzt.

Für Spulen von gleichem Garnvolumen, also mit gleicher Menge des zu verdunstenden Wassers, ist mit einer weiteren Verringerung der Trocknungszeit zu rechnen. Wird diese proportional der Volumenreduktion angenommen, so müßte gegenüber einer Trocknungszeit von 320 min der Spule I die Spule II mit weiter Hülse bei gleicher Garnmenge eine Trocknungszeit von nur 255 min aufweisen. Der Vorteil der größeren Hülse im Hinblick auf eine Verkürzung der Trocknung ist damit klar nachgewiesen.

Durch Vergrößerung des Spulenhülsendurchmessers von 45 auf 65 mm bei Spule II würden bei gleichem Spulenaußendurchmesser 0,25 dm^3 weniger Garn auf der Spule untergebracht werden. Zur Kompensierung der Garnmindermenge braucht der Außendurchmesser nur um 6,4 mm vergrößert zu werden und damit statt 175 mm bei der 45 mm Hülse 181,4 mm bei der 65 mm Hülse zu betragen. Der durch eine Hülsenvergrößerung eingetretene Volumenverlust im Spulenkern kann also durch einige wenige Millimeter Spulenaußendurchmesserzunahme ausgeglichen werden.

Die mit unterschiedlicher Perforation und mit unterschiedlichem Spuleninnendurchmesser durchgeführten Trocknungsversuche haben also die Vorteile der vergrößerten Lufteintrittsfläche in Kreuzspulen in Bezug auf eine Verkürzung der Trocknungszeit einwandfrei nachgewiesen. Diese Feststellung ist bedeutungsvoll, da hier in beiden Fällen Einsparungen durch Maßnahmen erreicht werden, die ohne schwerwiegende Umstellungen und ohne Inkaufnahme anderweitiger Nachteile durchgeführt werden können.

c) Einfluß der Hülsenform auf den Trocknungsverlauf

Es ist bekannt und in den früheren Trocknungsberichten des TWB-Bastfaser ausführlich behandelt, daß die Trocknung in den einzelnen Höhenschichten der Kreuzspule nicht gleichmäßig vor sich geht. Die Luftführung, die Ausbildung der Hülse und die Art der Abdeckung und Aufsetzung der Spulen sind dafür entscheidend, welche der Schichten vortrocknet und welche in der Trocknung nacheilt. Konstruktive Maßnahmen können sehr weitgehend dazu beitragen, eine Vergleichsmäßigung der Trocknung zu erzielen und damit sowohl qualitativ und gegebenenfalls auch durch Verringerung der Trocknungszeit wirtschaftliche Vorteile herbeiführen. Im allgemeinen ist es die untere Höhenschicht, die als letzte trocknet und die mittlere als erste. Durch geeignete Abdeckungsformen, wie sie beim Jaeggle-Trockner Verwendung finden, kann die Trocknung der oberen Schicht derart beschleunigt werden, daß sie der mittleren Höhenschicht voreilt.

Abbildung 6 oben zeigt neben einer Skizze der Spulenabdeckung den Trocknungsverlauf in den drei Höhenschichten für Kreuzspulen mit zylindrischen Hülsen von 38 mm Außendurchmesser. Die geschilderte Abweichung der drei Trocknungskurven ist eindeutig. Die obere Schicht trocknet vor, ihr folgt die mittlere und schließlich die untere Höhenschicht, deren Garnfeuchtezustand, und zwar in der äußeren Radialschicht, die Trocknungszeit bestimmt.

Dem gegenübergestellt ist der Trocknungsverlauf einer Kreuzspule mit konischer Hülse (D = 65 mm, d = 35 mm). Diesem Versuch lag der Gedanke zugrunde, daß durch Vergrößerung der Luftdurchtrittsfläche in der untersten Höhenschicht derselben mehr Luft zugeführt wird, um das übliche Zurückbleiben in der Trocknung auszugleichen. Abbildung 6 unten zeigt den Trocknungsverlauf. Entgegen der Erwartung tritt eine Beschleunigung der Trocknung in der unteren Höhenschicht nicht ein. Die Trocknung der oberen Höhenschicht verläuft noch schneller als bei Verwendung zylindrischer Hülsen. Die Mittelschicht hält wiederum zeitlich die Mitte. Die zusätzliche Beschleunigung der Trocknung in der oberen Höhenschicht ist auffällig. Eine Erklärung dafür kann darin gefunden werden, daß - wie in der Nebenskizze der Abbildung 6 unten angedeutet - die durch die Spule gedrückte Trocknungsluft senkrecht zur Luftaustrittsfläche ausströmt. Daraus ergibt sich in Zusammenwirkung mit der Abdeckung eine äußerst intensive Durchspülung der oberen Zone, während die untere Schicht zusätzliche Vorteile für sich nachweislich nicht in Anspruch nehmen kann.

Der Übergang auf konische Hülsen hat somit eine Angleichung der Trocknungszeiten in den einzelnen Höhenschichten nicht zur Folge. In dem untersuchten Fall hatte er sogar eine gegenteilige Wirkung, woran teilweise offenbar die gewählte Ausführung der Abdeckteller ihren Anteil hat. Diese Abdeckung, auf die bereits hingewiesen wurde und die in Abbildung 6 oben skizziert ist, hat sich vorteilhaft bewährt. Wenn auch eine Bevorzugung der oberen Schicht gegenüber der mittleren nicht angestrebt wird, so ist mit Rücksicht auf die verdichteten Ränder, deren Feuchtigkeit bei unseren Messungen nicht erfaßt wird, eine intensive Trockenbehandlung der oberen Spulenzone keineswegs unzweckmäßig, ein Grundsatz, der auch für die untere Schicht seine Anwendung finden muß.

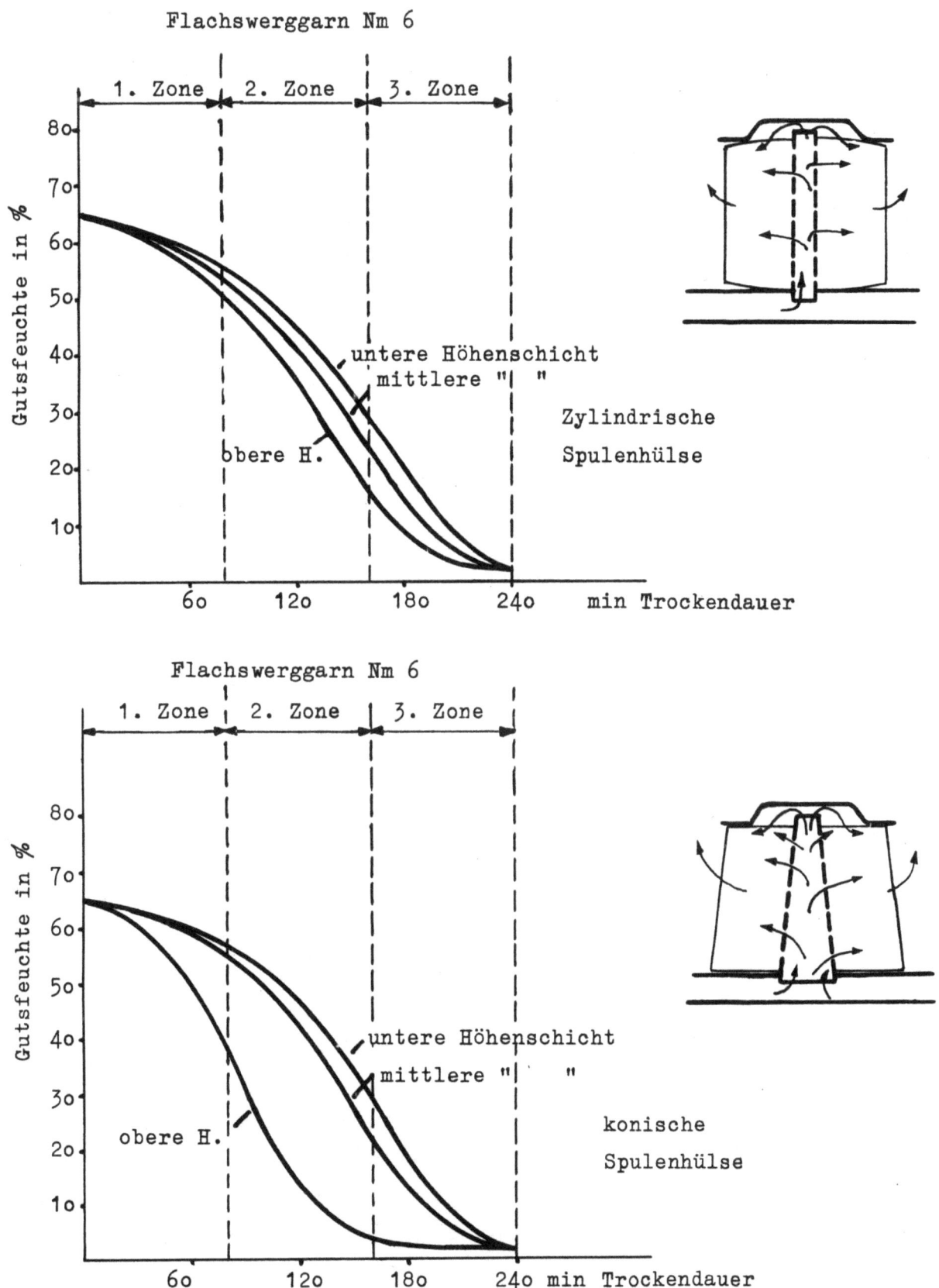

Abbildung 6
Kreuzspultrockner für Bastfasergarne

d) Einfluß hochgesetzter Kreuzspulen bzw. zweckentsprechender Untersätze

Im vorigen Abschnitt wurde gezeigt, daß die untere Schicht der Kreuzspulen in der Trocknung gegenüber den anderen Schichten zurückbleibt. Es ist nach Maßnahmen zu suchen, die hierfür einen Ausgleich schaffen. So wurde bereits früher vorgeschlagen, die Spulen nicht unmittelbar auf den Luftführungskanal, sondern unter Zuhilfenahme von Zwischenstücken um einige cm höher zu setzen, so daß die Trocknungsluft an der unteren Spulenstirnfläche nach unten zu austreten kann. Damit wird tatsächlich eine Vergleichmäßigung der Trocknung und damit gleichzeitig eine Verkürzung der Trockendauer erreicht. Vergl. diesbezüglich den Bericht des TWB-Bastfaser über die Trocknung der Leinengarne in Kreuzspulform.

Eine interessante Lösung ist an dem bei den Versuchen benützten Jaeggle-Trockner angestrebt worden, in dem die Luftzuführungskanäle um die für die Hülsen der Kreuzspulen vorgesehenen Öffnungen eine größere Anzahl zusätzlicher, in Kreisform angeordneter Luftlöcher erhielten. Diese dienten dem Zweck, den aufgesetzten Kreuzspulstirnflächen zusätzliche Trocknungsluft zuzuführen.

Abbildung 7 oben zeigt zunächst die Skizze dieser Anordnung und gibt die aufgenommenen Trocknungskurven wieder. Es zeigt sich, daß im Beobachtungsfall ein zusätzlicher Effekt für die Trocknung der unteren Schicht nicht eingetreten ist.

Im Prinzip ist dieser Vorschlag für eine zusätzliche Belüftung der unteren Stirnfläche richtig. In der Praxis aber kann vielfach beobachtet werden, daß die Form der Kreuzspulen keine genau zylindrische ist, sondern daß die Spulen mehr oder weniger gewölbte Stirnflächen aufweisen. Deren Zustandekommen hängt mit der beim Spulen erforderlichen Fadenspannung zusammen, welche die Spulenbreite mit zunehmendem Spulendurchmesser kleiner werden läßt. Die gewölbten Stirnflächen bewirken, daß die aus dem Lochkranz austretende Trocknungsluft u.U. wirkungslos bleibt, weil sie unausgenützt, wie in der Skizze angedeutet, seitlich entweicht. Die zusätzliche Trocknungswirkung in der untersten Höhenschicht ist damit zumindest infrage gestellt. Sie ist nur bei genau ebenen Stirnflächen der Spulen vorhanden.

Um von den Zufälligkeiten der Spulenform unabhängig zu sein, wurde versucht, anstelle des Lochkranzes mit einem trichterähnlichen Einsatz zu

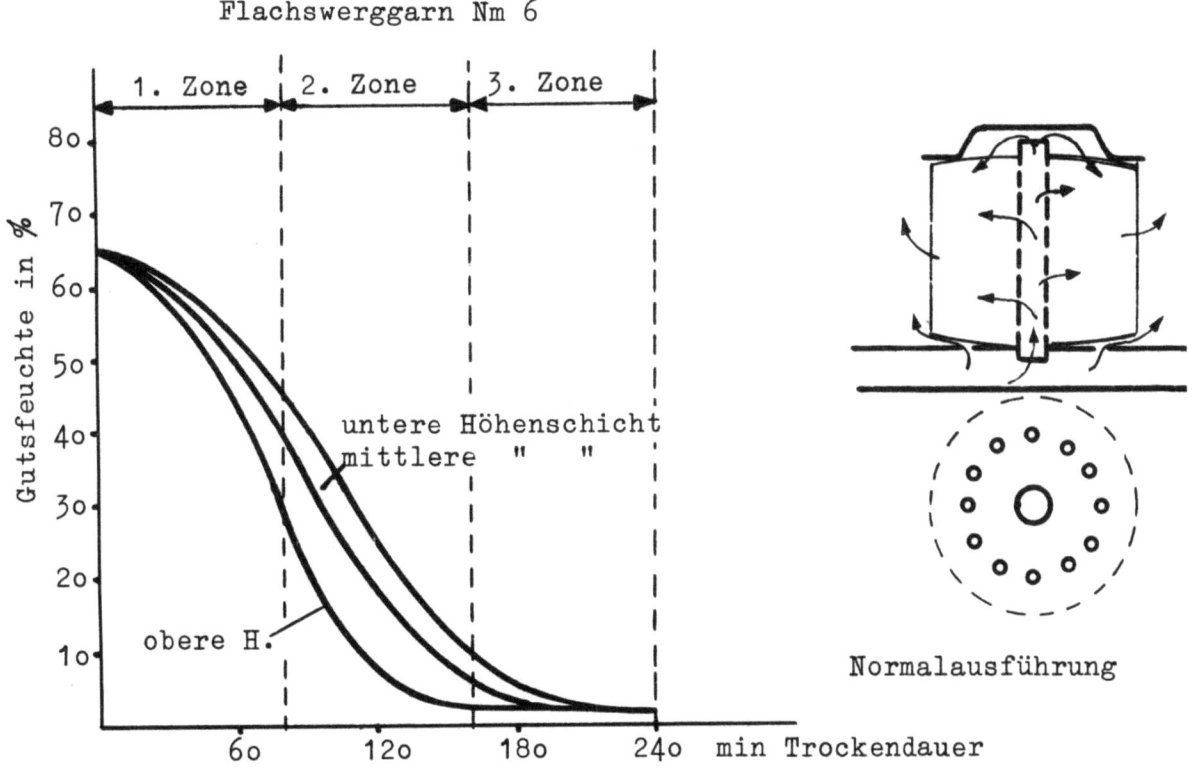
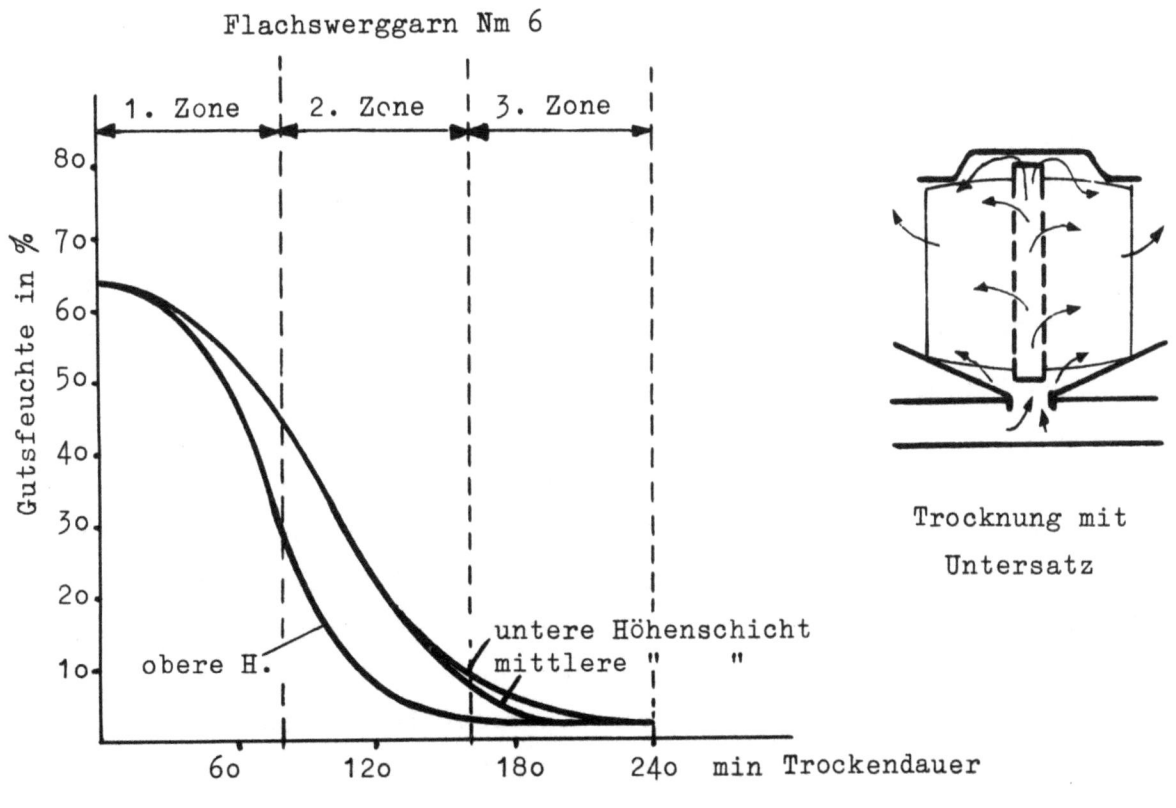

Abbildung 7
Kreuzspultrockner für Bastfasergarne

arbeiten (Skizze in Abb. 7 unten), der es gewährleistet, daß unbeeinflußt von Spulengröße und Spulenausführung die unteren Spulenstirnflächen in jedem Fall der vollen Einwirkung der Trocknungsluft ausgesetzt sind. Eine zweckentsprechende Ausbildung des Einsatzes (Abschrägung, Durchmesser der Luftzuführungsöffnung) ist allerdings für die beabsichtigte Wirkung von Bedeutung.

Abbildung 7 unten zeigt den Trocknungsverlauf in einer mit der vorbeschriebenen Vorrichtung getrockneten Kreuzspule. Die erzielte Wirkung für die untere Höhenschicht ist sehr bemerkenswert. Sie trocknet sogar schneller als die anderen Schichten, die gegenüber dem üblichen Verlauf etwas zurückbleiben. Ist diese Wirkung in dem aufgetretenen Maße auch nicht beabsichtigt, so zeigt sie doch die Möglichkeit, durch zweckentsprechend angewandte Maßnahmen der geschilderten Art zur Vergleichmäßigung der Trocknung, auch im Hinblick auf die verdichteten Randzonen, beizutragen und damit den Forderungen sowohl einer sicheren Trocknung als auch der Wirtschaftlichkeit auf dem Weg einer Herabsetzung der Trocknungszeit zu entsprechen.

4. Wiederbefeuchtung der Kreuzspulen

Eingangs wurde bereits auf die Bedeutung einer nach der Trocknung eingeschalteten Garnwiederbefeuchtung hingewiesen und die hierzu möglichen Verfahren im wesentlichen gekennzeichnet. Der nachstehende Abschnitt dieses Berichtes befaßt sich mit der Wiederbefeuchtung im Kreuzspultrockner der eingangs beschriebenen Bauart.

Zur Wiederbefeuchtung der getrockneten Kreuzspulen war die dritte Kammer des 3-Stufentrockners ausersehen. Die dazu erforderliche Feuchtigkeit kann der Luft in Form von Dampf oder vernebeltem Wasser zugesetzt werden. Für den Versuchsfall wurden beide Möglichkeiten vorgesehen. Die dazu erforderliche Befeuchtungsdüse B (Abb. 1) war unmittelbar hinter der Rohrkrümmung zwischen Ventilator und Heizbatterie angeordnet und wirkte in Richtung der Luftbewegung. Sie arbeitete derart, daß zunächst ein Dampfstrahl eingeblasen wurde. Durch ein senkrecht dazu herangeführtes Wasserröhrchen wurde nach dem Injektorprinzip dazu noch eine Wasservernebelung bewirkt. Somit konnte die Luftbefeuchtung wahlweise mit Dampf allein oder auch zusätzlich mit vernebeltem Wasser erfolgen. Durch die Einschaltung der Düseneinrichtung vor der Heizbatterie wurde erreicht, daß auch das nicht genügend vernebelte Wasser beim Durchgang durch das Heizregister verdampfte und zur Luftbefeuchtung mitbenützt wurde. Bei Überschreiten einer gewissen Grenze für die Menge der Zusatzfeuchtigkeit schlug sich ein Teil des eingeblasenen Wassers dennoch in der Heizbatterie und in den Rohrkrümmungen nieder, wodurch sich Unzuträglichkeiten einstellten. Deshalb konnte nur eine relative Luftfeuchtigkeit von max. 60 - 70 % erreicht werden.

Es ist bekannt und auch in diesem Bericht behandelt, daß sich zwischen Luft- und Materialfeuchte bei Konstanz der ersteren ein Gleichgewichtszustand einstellt, der auch von der Temperatur abhängig ist. Je nachdem, ob der Gleichgewichtszustand durch Austrocknen (Desorption) oder Befeuchtung (Adsorption) eintritt, ergeben sich in der Höhe der Materialfeuchtigkeit kleine Unterschiede (Hysterisis).

Abbildung 8 zeigt für eine Lufttemperatur von 70 °C die bei verschiedenen Luftfeuchtigkeiten bestimmten Werte der Garnfeuchtigkeit, die eine sogenannte Sorptionslinie bilden. Die Meßpunkte für diese Kurve sind zusammengetragen aus zahlreichen Beobachtungen naßgesponnener Bastfasergarne bei Ad- und Desorption. Es handelt sich also um eine Darstellung, welche die vorstehend erwähnte Hysterese-Erscheinung vernachlässigt. Diese Vernachlässigung erfolgt an dieser Stelle absichtlich, weil es sich bei der Kreuzspulbefeuchtung darum handelt, unterschiedlich weit ausgetrocknete Garnschichten auf einen bestimmten Feuchtigkeitsgehalt zu bringen, was in manchen Fällen nicht nur durch Befeuchtung zu weit getrockneter Schichten, sondern auch durch Weitertrocknung noch nicht genügend getrockneter Schichten vorgenommen werden muß. Die Kurve in Abbildung 8 ist somit eine nur angenäherte und für den praktischen Gebrauch bestimmte.

Mit Hilfe dieser Sorptionskurve ist es möglich, diejenige rel. Luftfeuchtigkeit zu ermitteln, deren Einstellung und Einhaltung zu einer bestimmten Materialfeuchte führen muß. Wird z.B. eine Materialfeuchte von 8 % für wünschenswert gehalten, hat die Befeuchtung bei 70 °C mit einer Luft von 65 % rel. Feuchte zu erfolgen.

Die bereits erwähnte Temperaturabhängigkeit des Gleichgewichtszustandes zwischen Luft- und Garnfeuchtigkeit äußert sich - wie in den früheren Berichten gezeigt - darin, daß die Sorptionskurven bei höheren Temperaturen

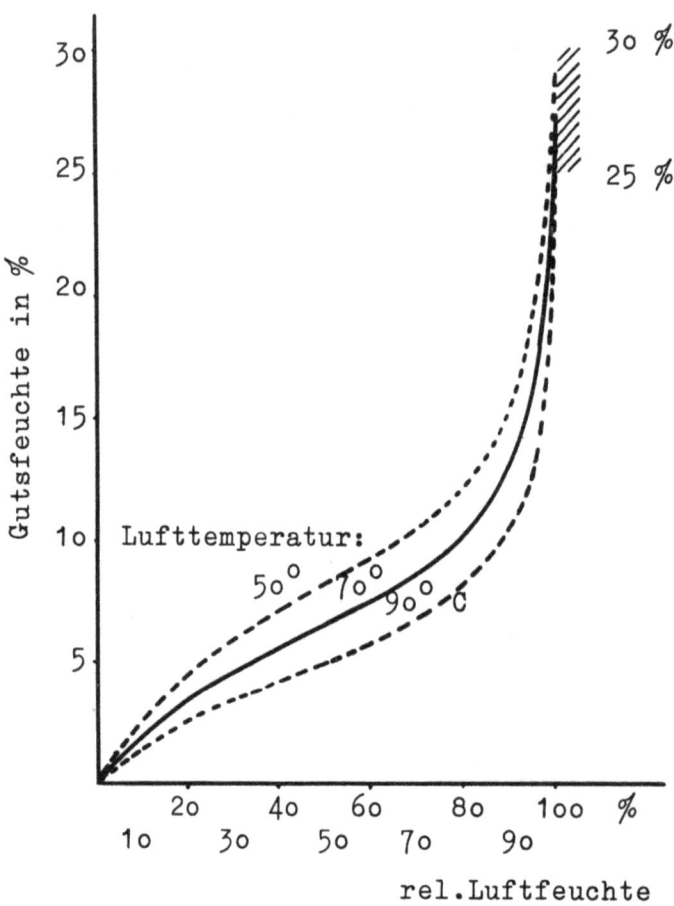

Abbildung 8
Kreuzspultrockner für Bastfasergarne

tiefer liegen. In Abbildung 8 sind punktiert die analogen Kurven für 50° und 90 °C eingetragen.

Bei Anwendung niedriger Lufttemperaturen ist also die Luftfeuchtigkeit tiefer, bei höheren Temperaturen höher zu wählen. Für das vorstehend gebrachte Beispiel, also für 8 % Garnfeuchtigkeit, müßte die rel. Luftfeuchtigkeit bei 50 °C etwa 48 %, bei 90 °C etwa 80 % betragen. Daraus ergibt sich die Folgerung, daß es zweckmäßiger ist, mit niedrigeren Lufttemperaturen, gegebenenfalls sogar mit nicht aufgeheizter Luft zu befeuchten, da dabei niedrigere, technisch leichter zu erreichende Luftfeuchten zur Anwendung kommen können. Voraussetzung ist dabei allerdings, daß die Trocknung der Spulen bei Eintritt in die Befeuchtungszone bereits abgeschlossen ist.

In Abbildung 9 ist der Trocknungsverlauf innerhalb einer Kreuzspule, die in den beiden ersten Kammern unter den in Abschnitt 3a geschilderten

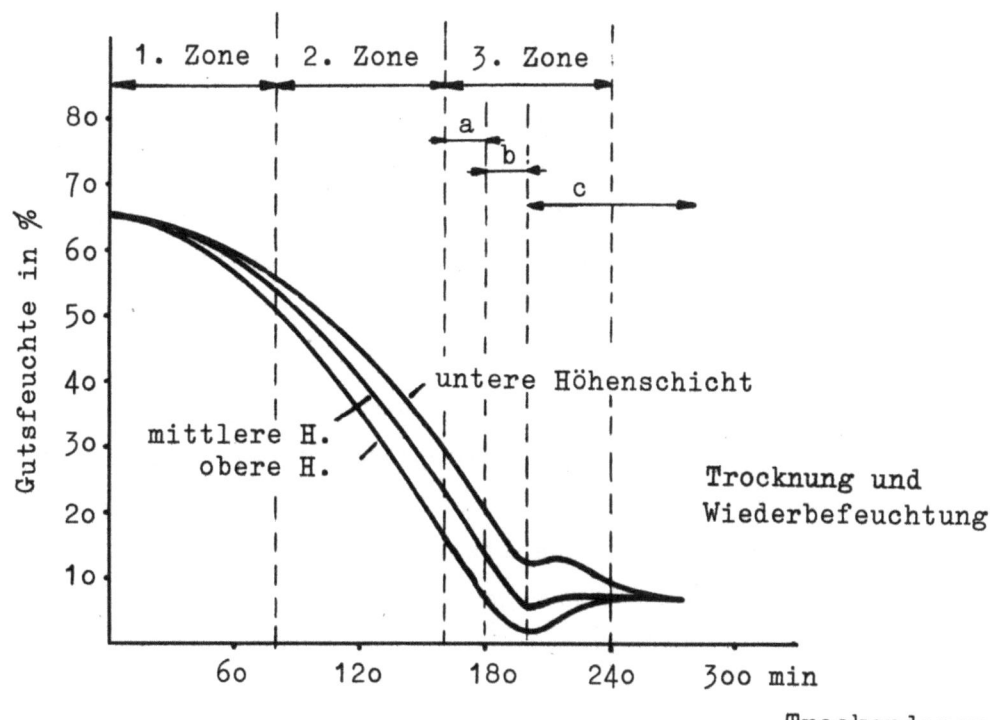

Abbildung 9
Kreuzspultrockner für Bastfasergarne

Temperaturverhältnissen getrocknet wurde, dargestellt[*]. Nach Einfahren der Spulenpartie in die dritte Zone des Trockners wurde die Trocknung nach folgendem Plan fortgesetzt bzw. zu Ende geführt.

a) Für 20 min wurde in der bisher üblichen Weise bei ca. 60 °C weitergetrocknet.

b) Nach diesen 20 min wurde der Heizdampf abgestellt, so daß die Trocknungslufttemperatur bis auf ca. 53 °C absank.

c) 40 min nach Einsatz wurde die Befeuchtung angestellt, wodurch innerhalb von 10 min eine rel. Luftfeuchte von ungefähr 50 % in der dritten Kammer erreicht war. Da die Feuchtigkeit hauptsächlich durch Einblasen von Dampf erzeugt wurde, war damit ein Ansteigen der Lufttemperatur auf etwa 58 - 60 °C nicht zu vermeiden.

---

[*] Ein unmittelbarer Vergleich mit den Kurven in Abbildung 4 ist deshalb nicht möglich, weil die rel. Feuchtigkeit der Trocknungsluft unterschiedlich war. In dem jetzt behandelten Fall herrschte Regenwetter, was sich auf die Frischluft auswirkte. Dementsprechend verläuft die Kurve flacher. Die Trocknung bei Eintritt in die dritte Zone ist nicht annähernd so weit vorgeschritten, wie aus Abbildung 4 ersichtlich.

Forschungsberichte des Wirtschafts- und Verkehrsministeriums Nordrhein-Westfalen

Die Trocknungskurven in Abbildung 9 zeigen die Auswirkung dieses Verfahrens in der dritten Zone. Während sich in den Abschnitten a) und b) die Trocknung ohne Unterbrechung weiter vollzieht, nimmt die Materialfeuchte unmittelbar nach Einschalten der Befeuchtung zu. Die obere und mittlere Höhenschicht, die bereits unter die nach der Sorptionskurve für 50 % rel. Feuchtigkeit bei 60 °C entsprechende Materialfeuchte von ca. 7 % heruntergetrocknet sind, stellen sich je nach der im Augenblick der Einschaltung der Befeuchtungsdüsen vorhandenen Materialfeuchte relativ rasch auf die dem Gleichgewichtszustand entsprechende Feuchte von 7 % ein. Für beide Schichten handelt es sich um Adsorption. Anders verhält sich die unterste Höhenschicht, die im Zeitpunkt des Befeuchtungsbeginns eine Materialfeuchte von mehr als 7 % besitzt. Auch diese Schicht nimmt kurzseitig Feuchtigkeit auf, um nach einer gewissen Stabilisierung weiter, aber verzögert zu trocknen und dem Gleichgewichtszustand von 7 % zuzustreben. Nach Zusammenlauf der drei Trocknungskurven ist der Trocknungsvorgang abgeschlossen. Das auf der Kreuzspule gespulte Garn hat in allen Schichten die Feuchtigkeit von ca. 7 % angenommen.

Die Messungen, die bei wiederholten Versuchen übereinstimmende Ergebnisse hatten, bestätigen die praktische Anwendbarkeit des Gleichgewichtsprinzips zwischen Material- und Luftfeuchte auf das Verfahren der Wiederbefeuchtung, selbstverständlich unter Inkaufnahme einer gewissen Toleranz infolge natürlicher Streuung. Die Kenntnis dieser Gesetze, also der Sorptionskurven, ist deshalb für den Praktiker in diesem Falle unerläßlich.

Die gemachten Beobachtungen und Messungen ergeben folgende Gesichtspunkte, die für die Erzielung einer befriedigenden Wiederbefeuchtung getrockneter Kreuzspulen maßgebend sind.

1) Die Wiederbefeuchtung der Kreuzspulen oder jener Schichten der Kreuzspulen, die weiter heruntergetrocknet sind, als es dem Gleichgewichtszustand mit der für die Wiederbefeuchtung verwendeten Luft entspricht, wird bei ausreichender Luftmenge in einer nach Minuten zu zählenden Zeit (Größenordnung: ca. 30 min) auf einen Feuchtezustand gebracht, welcher der rel. Feuchtigkeit und der Temperatur der eingeblasenen Luft entspricht. - Während diese Wiederbefeuchtung ausgetrockneter Garne rasch vor sich geht, verzögert sich nach Einsatz der Wiederbefeuchtung die Trocknung der noch feuchten Schichten. Die Wiederbefeuchtung sollte

somit erst nach ausreichender Vortrocknung einsetzen. Dann ist sie in kurzer Zeit wirkungsvoll durchzuführen. Größe und Wirkungsweise des Trockenapparates sind unter Ausschluß der Befeuchtungszone derart zu bemessen, daß der vorstehenden Forderung Genüge getan wird.

2) Die kurze Zeit, die für die Wiederbefeuchtung durchgetrockneter Kreuzspulen auf eine der Befeuchtungsluft entsprechende Materialfeuchte erforderlich ist und die der Aufenthaltsdauer der Spulen in den einzelnen Abteilungen des Trockners nicht entspricht, sowie die Forderung nach einem von der Trocknung unabhängigen und konstant einzuhaltenden Zustand der Wiederbefeuchtungsluft lassen den Gedanken einer völligen Trennung der Wiederbefeuchtungskammer von dem Trockenapparat interessant erscheinen. Dabei wäre vorzusehen, daß die Aufbereitung der Wiederbefeuchtungsluft außerhalb der Kammer erfolgt, damit die Abscheidung mitgerissener Wassertröpfchen nicht im Luftführungssystem der Kammer vor sich geht. Für die vorgenannte Luftaufbereitung ist eine kontrollierbare und tatsächlich kontrollierte Regeleinrichtung unvermeidlich.

3) Bekanntlich entspricht bei Bastfasergarnen der sogenannten Normalatomsphäre von 65 % rel. Luftfeuchte und 20 °C eine Feuchtigkeit von 10 - 11 %, bezogen auf absolutes Trockengewicht (legaler Feuchtigkeitszuschlag: 12 %). Diese Materialfeuchtigkeit wäre eigentlich bei der Wiederbefeuchtung anzustreben. In der Praxis werden bei Bastfasergarnen meist niedrigere Feuchtigkeiten angetroffen. Jedenfalls hat es wenig Sinn, die Wiederbefeuchtung weiterzutreiben, als es den Raumluftverhältnissen bei der Weiterbehandlung nach der Trocknung entspricht.

4) Bei Verwendung von Dampf zur Luftbefeuchtung ist zu beachten, daß damit eine Erhöhung der Temperatur verbunden ist, was nach beendeter Trocknung einerseits nicht erforderlich, andererseits im Sinne der Sorptionsabhängigkeiten unerwünscht ist, da dadurch eine Erhöhung der Luftfeuchtigkeit für die gleiche Wiederbefeuchtungswirkung notwendig wird.

Zusammenfassend kann gesagt werden, daß die Wiederbefeuchtung von getrockneten Bastfasergarnen in Kreuzspulform unter Berücksichtigung der aufgezählten Gesichtspunkte gleichmäßig und zufriedenstellend durchgeführt werden kann. Eine Konditionierung wiederbefeuchteter Kreuzspulen ergab praktische Übereinstimmung mit den durch Textometermessung festgestellten Feuchtigkeitswerten.

IV. Zusammenfassung

Die systematischen Arbeiten des TWB-Bastfaser über die Trocknung von Leinen- und Hanfgarnen wurden abgeschlossen durch vorgenommene Studien an einem neuzeitlichen Kreuzspultrockner mit Wiederbefeuchtung. Es sollten an einem im praktischen Betrieb befindlichen Trockner die Gesichtspunkte für eine qualitativ zufriedenstellende und wirtschaftliche Trocknung sowie die Möglichkeit einer gleichmäßigen Wiederbefeuchtung der Garnspulen zusammengestellt werden. Zur Verfügung stand ein 3-Zonen-Kreuzspultrockner, Fabrikat Jaeggle, der zunächst einer genauen Beobachtung unterzogen wurde.

Die Trocknung mit Frischluft wurde einer Umlufttrocknung gegenübergestellt. Neben einer erheblichen Verringerung der Trocknungszeit ergeben sich bei der Frischlufttrocknung qualitative Vorteile. Diesen steht der geringere Wärmebedarf bei Umlufttrocknung entgegen.

Bei der Trocknung in Mehrzonenapparaten ist die Kenntnis der jeweils herrschenden Gutstemperatur wesentlich, um in Abhängigkeit von der sich verändernden Luftfeuchtigkeit eine zweckentsprechende Einstellung der Lufttemperatur vornehmen zu können. Ein diesbezüglicher Vorschlag wurde ausgearbeitet.

Die Ausführung der Hülsen und ihre Perforation spielen eine bedeutende Rolle in der Vergleichsmäßigung und Beschleunigung des Trocknungsvorganges. Hülsen mit großem Durchmesser haben diesbezüglich erhebliche Vorteile, ebenso ist eine Vergrößerung der Perforation vorteilhaft. Hülsen konischer Form bringen keine Verbesserung.

Von Bedeutung ist die Abdeckung der oberen Spulenstirnflächen, ebenso wie der Sitz der Spulen auf den Luftführungskanälen. Für letztere wurden verschiedene Ausführungsmöglichkeiten untersucht und als günstig die Zwischenschaltung trichterförmiger Untersätze gefunden.

Eingehende Untersuchungen waren der Wiederbefeuchtung mittels durch die Spulen geblasener Luft in unmittelbarem Anschluß an die Trocknung gewidmet. Für die Durchführung einer Wiederbefeuchtung auf einen gewünschten

Feuchtigkeitsgehalt ist die <u>Kenntnis der Gleichgewichtsverhältnisse</u> zwischen Material- und Luftfeuchtigkeit <u>erforderlich</u> (Sorptionskurven). Eine angestrebte Garnfeuchtigkeit verlangt einen bestimmten Feuchtigkeitszustand der für die Wiederbefeuchtung verwendeten Luft. Die <u>Wiederbefeuchtung geht rasch vor sich,</u> sofern alle Spulen bzw. Spulenschichten trockener sind, als es der angestrebten Feuchtigkeit entspricht. Vorzeitiger Einsatz der Wiederbefeuchtung kann den Trocknungsvorgang empfindlich verlängern. Die Notwendigkeit, eine bestimmte rel. Luftfeuchtigkeit einzuhalten, erfordert eine zweckentsprechende <u>Luftaufbereitung</u>. Die Wiederbefeuchtungsluft darf durch Temperatur und Feuchtigkeit der Nebenkammern nicht beeinflußt werden. Dies und die relativ kurze Dauer der Wiederbefeuchtung durchgetrockneter Spulen spricht gegebenenfalls für eine <u>Trennung von Trocknung und Wiederbefeuchtung</u>. Die Befeuchtung der Luft kann durch <u>Dampf- oder Wasserzusatz,</u> gegebenenfalls in Kombination, erreicht werden. Gegen die Verwendung des Dampfes spricht, daß er erhöhte Temperatur mit sich bringt. Dies verursacht, den temperaturabhängigen Gleichgewichtsgesetzen zwischen Material- und Luftfeuchtigkeit zufolge, die Notwendigkeit höherer Luftfeuchtigkeiten zur Erzielung einer gewünschten Garnfeuchtigkeit. - Bei Kenntnis und Beachtung dieser Gesichtspunkte kann eine <u>wirkungsvolle Wiederbefeuchtung</u> von auf Kreuzspulen getrockneten Bastfasergarnen herbeigeführt werden, wobei es unzweckmäßig ist, auf eine höhere Feuchtigkeit zu gehen, als es den Raumluftverhältnissen bei der Weiterbehandlung der Kreuzspulen nach der Trocknung entspricht.

Die Versuche wurden mit Flachswerggarn Nm 6 durchgeführt.

Dipl.-Ing. W. ROHS
Text.-Ing. G. HELLER

Techn.-Wissenschaftl. Büro
für die Bastfaserindustrie
Bielefeld

FORSCHUNGSBERICHTE

DES WIRTSCHAFTS- UND VERKEHRSMINISTERIUMS

NORDRHEIN-WESTFALEN

Herausgegeben von Staatssekretär Prof. Leo Brandt

Heft 1:
Prof. Dr.-Ing. E. Flegler, Aachen
Untersuchungen oxydischer Ferromagnet-Werkstoffe

Heft 2:
Prof. Dr. W. Fuchs, Aachen
Untersuchungen über absatzfreie Teeröle

Heft 3:
Techn.-Wissenschaftl. Büro für die Bastfaserindustrie, Bielefeld
Untersuchungsarbeiten zur Verbesserung des Leinenwebstuhls

Heft 4:
Prof. Dr. E. A. Müller und Dipl.-Ing. H. Spitzer, Dortmund
Untersuchungen über die Hitzebelastung in Hüttebetrieben

Heft 5:
Dipl.-Ing. W. Fister, Aachen
Prüfstand der Turbinenuntersuchungen

Heft 6:
Prof. Dr. W. Fuchs, Aachen
Untersuchungen über die Zusammensetzung und Verwendbarkeit von Schwelteerfraktionen

Heft 7:
Prof. Dr. W. Fuchs, Aachen
Untersuchungen über emsländisches Petrolatum

Heft 8:
M. E. Meffert und H. Stratmann, Essen
Algen-Großkulturen im Sommer 1951

Heft 9:
Techn.-Wissenschaftl. Büro für die Bastfaserindustrie, Bielefeld
Untersuchungen über die zweckmäßige Wicklungsart von Leinengarnkreuzspulen unter Berücksichtigung der Anwendung hoher Geschwindigkeiten des Garnes
Vorversuche für Zetteln und Schären von Leinengarnen auf Hochleistungsmaschinen

Heft 10:
Prof. Dr. W. Vogel, Köln
„Das Streifenpaar" als neues System zur mechanischen Vergrößerung kleiner Verschiebungen und seine technischen Anwendungsmöglichkeiten

Heft 11:
Laboratorium für Werkzeugmaschinen und Betriebslehre, Technische Hochschule Aachen
1. Untersuchungen über Metallbearbeitung im Fräsvorgang mit Hartmetallwerkzeugen und negativem Spanwinkel
2. Weiterentwicklung des Schleifverfahrens für die Herstellung von Präzisionswerkstücken unter Vermeidung hoher Temperaturen
3. Untersuchung von Oberflächenveredlungsverfahren zur Steigerung der Belastbarkeit hochbeanspruchter Bauteile

Heft 12:
Elektrowärme-Institut, Langenberg (Rhld.)
Induktive Erwärmung mit Netzfrequenz

Heft 13:
Techn.-Wissenschaftl. Büro für die Bastfaserindustrie, Bielefeld
Das Naßspinnen von Bastfasergarnen mit chemischen Zusätzen zum Spinnbad

Heft 14:
Forschungsstelle für Acetylen, Dortmund
Untersuchungen über Aceton als Lösungsmittel für Acetylen

Heft 15:
Wäschereiforschung Krefeld
Trocknen von Wäschestoffen

Heft 16:
Max-Planck-Institut für Kohlenforschung, Mülheim a. d. Ruhr
Arbeiten des MPI für Kohlenforschung

Heft 17:
Ingenieurbüro Herbert Stein, M. Gladbach
Untersuchung der Verzugsvorgänge in den Streckwerken verschiedener Spinnereimaschinen. 1. Bericht: Vergleichende Prüfung mit verschiedenen Dickenmeßgeräten

Heft 18:
Wäschereiforschung Krefeld
Grundlagen zur Erfassung der chemischen Schädigung beim Waschen

Heft 19:
Techn.-Wissenschaftl. Büro für die Bastfaserindustrie, Bielefeld
Die Auswirkung des Schlichtens von Leinengarnketten auf den Verarbeitungswirkungsgrad, sowie die Festigkeit und Dehnungsverhältnisse der Garne und Gewebe

Heft 20:
Techn.-Wissenschaftl. Büro für die Bastfaserindustrie, Bielefeld
Trocknung von Leinengarnen I
Vorgang und Einwirkung auf die Garnqualität

Heft 21:
Techn.-Wissenschaftl. Büro für die Bastfaserindustrie, Bielefeld
Trocknung von Leinengarnen II
Spulenanordnung und Luftführung beim Trocknen von Kreuzspulen

Heft 22:
Techn.-Wissenschaftl. Büro für die Bastfaserindustrie, Bielefeld
Die Reparaturanfälligkeit von Webstühlen

Heft 23:
Institut für Starkstromtechnik, Aachen
Rechnerische und experimentelle Untersuchungen zur Kenntnis der Metadyne als Umformer von konstanter Spannung auf konstanten Strom

Heft 24:
Institut für Starkstromtechnik, Aachen
Vergleich verschiedener Generator-Metadyne-Schaltungen in bezug auf statisches Verhalten

Heft 25:
Gesellschaft für Kohlentechnik mbH., Dortmund-Eving
Struktur der Steinkohlen und Steinkohlen-Kokse

Heft 26:
Techn.-Wissenschaftl. Büro für die Bastfaserindustrie, Bielefeld
Vergleichende Untersuchungen zweier neuzeitlicher Ungleichmäßigkeitsprüfer für Bänder und Garne hinsichtlich ihrer Eignung für die Bastfaserspinnerei

Heft 27:
Prof. Dr. E. Schratz, Münster
Untersuchungen zur Rentabilität des Arzneipflanzenanbaues Römische Kamille, Anthemis nobilis L.

Heft 28:
Prof. Dr. E. Schratz, Münster
Calendula officinalis L. Studien zur Ernährung, Blütenfüllung und Rentabilität der Drogengewinnung

Heft 29:
Techn.-Wissenschaftl. Büro für die Bastfaserindustrie, Bielefeld
Die Ausnützung der Leinengarne in Geweben

Heft 30:
Gesellschaft für Kohlentechnik mbH., Dortmung-Eving
Kombinierte Entaschung und Verschwelung von Steinkohle; Aufarbeitung von Steinkohlenschlämmen zu verkokbarer oder verschwelbarer Kohle

Heft 31:
Dipl.-Ing. Störmann, Essen
Messung des Leistungsbedarfs von Doppelsteg-Kettenförderern

Heft 32:
Techn.-Wissenschaftl. Büro für die Bastfaserindustrie, Bielefeld
Der Einfluß der Natriumchloridbleiche auf Qualität und Verwebbarkeit von Leinengarnen und die Eigenschaften der Leinengewebe unter besonderer Berücksichtigung des Einsatzes von Schützen- und Spulenwechselautomaten in der Leinenweberei

Heft 33:
Kohlenstoffbiologische Forschungsstation e. V.
Eine Methode zur Bestimmung von Schwefeldioxyd und Schwefelwasserstoff in Rauchgasen und in der Atmosphäre

Heft 34:
Textilforschungsanstalt Krefeld
Quellungs- und Entquellungsvorgänge bei Faserstoffen

Heft 35:
Professor Dr. W. Kast, Krefeld
Feinstrukturuntersuchungen an künstlichen Zellulosefasern verschiedener Herstellungsverfahren

Heft 36:
Forschungsinstitut der feuerfesten Industrie, Bonn
Untersuchungen über die Trocknung von Rohton
Untersuchungen über die chemische Reinigung von Silika- und Schamotte-Rohstoffen mit chlorhaltigen Gasen

Heft 37:
Forschungsinstitut der feuerfesten Industrie, Bonn
Untersuchungen über den Einfluß der Probenvorbereitung auf die Kaltdruckfestigkeit feuerfester Steine

Heft 38:
Forschungsstelle für Acetylen, Dortmund
Untersuchungen über die Trocknung von Acetylen zur Herstellung von Dissousgas

Heft 39:
Forschungsgesellschaft Blechverarbeitung e. V., Düsseldorf
Untersuchungen an prägegemusterten und vorgelochten Blechen

Heft 40:
Landesgeologe Dr.-Ing. W. Wolff, Amt für Bodenforschung, Krefeld
Untersuchungen über die Anwendbarkeit geophysikalischer Verfahren zur Untersuchung von Spateisengängen im Siegerland

Heft 41:
Techn.-Wissenschaftl. Büro für die Bastfaserindustrie, Bielefeld
Untersuchungsarbeiten zur Verbesserung des Leinenwebstuhles II

Heft 42:
Professor Dr. B. Helferich, Bonn
Untersuchungen über Wirkstoffe — Fermente — in der Kartoffel und die Möglichkeit ihrer Verwendung

Heft 43:
Forschungsgesellschaft Blechverarbeitung e. V., Düsseldorf
Forschungsergebnisse über das Beizen von Blechen

Heft 44:
Arbeitsgemeinschaft für praktische Dehnungsmessung, Düsseldorf
Eigenschaften und Anwendungen von Dehnungsmeßstreifen

Heft 45:
Losenhausenwerk Düsseldorfer Maschinenbau AG., Düsseldorf
Untersuchungen von störenden Einflüssen auf die Lastgrenzenanzeige von Dauerschwingprüfmaschinen

Heft 46:
Prof. Dr. W. Fuchs, Aachen
Untersuchungen über die Aufbereitung von Wasser für die Dampferzeugung in Benson-Kesseln

Heft 47:
Prof. Dr.-Ing. K. Krekeler, Aachen
Versuche über die Anwendung der induktiven Erwärmung zum Sintern von hochschmelzenden Metallen sowie zur Anlegierung und Vergütung von aufgespritzten Metallschichten mit dem Grundwerkstoff

Heft 48:
Max-Planck-Institut für Eisenforschung, Düsseldorf
Spektrochemische Analyse der Gefügebestandteile in Stählen nach ihrer Isolierung

Heft 49:
Max-Planck-Institut für Eisenforschung, Düsseldorf
Untersuchungen über Ablauf der Desoxydation und die Bildung von Einschlüssen in Stählen

Heft 50:
Max-Planck-Institut für Eisenforschung, Düsseldorf
Flammenspektralanalytische Untersuchung der Ferritzusammensetzung in Stählen

Heft 51:
Verein zur Förderung von Forschungs- und Entwicklungsarbeiten in der Werkzeugindustrie e. V., Remscheid
Untersuchungen an Kreissägeblättern für Holz, Fehler- und Spannungsprüfverfahren

Heft 52:
Forschungsstelle für Azetylen, Dortmund
Untersuchungen über den Umsatz bei der explosiblen Zersetzung von Azetylen
 a) Zersetzung von gasförmigem Azetylen,
 b) Zersetzung von an Silikagel adsorbiertem Azetylen

Heft 53:
Professor Dr.-Ing. H. Opitz, Aachen
Reibwert- und Verschleißmessungen an Kunststoffgleitführungen für Werkzeugmaschinen

Heft 54:
Professor Dr.-Ing. F. A. F. Schmidt, Aachen
Schaffung von Grundlagen für die Erhöhung der spez. Leistung und Herabsetzung des spez. Brennstoffverbrauches bei Ottomotoren mit Teilbericht über Arbeiten an einem neuen Einspritzverfahren

Heft 55:
Forschungsgesellschaft Blechverarbeitung e. V., Düsseldorf
Chemisches Glänzen von Messing und Neusilber

Heft 56:
Forschungsgesellschaft Blechverarbeitung e. V., Düsseldorf
Untersuchungen über einige Probleme der Behandlung von Blechoberflächen

Heft 57:
Prof. Dr.-Ing. F. A. F. Schmidt, Aachen
Untersuchungen zur Erforschung des Einflusses des chemischen Aufbaues des Kraftstoffes auf sein Verhalten im Motor und in Brennkammern von Gasturbinen

Heft 58:
Gesellschaft für Kohlentechnik m. b. H., Dortmund
Herstellung und Untersuchung von Steinkohlenschwelteer

Heft 59:
Forschungsinstitut der Feuerfest-Industrie e. V., Bonn
Ein Schnellanalysenverfahren zur Bestimmung von Aluminiumoxyd, Eisenoxyd und Titanoxyd in feuerfestem Material mittels organischer Farbreagenzien auf photometrischem Wege
Untersuchungen des Alkali-Gehaltes feuerfester Stoffe mit dem Flammenphotometer nach Riehm-Lange

Heft 60:
Forschungsgesellschaft Blechverarbeitung e. V., Düsseldorf
Untersuchungen über das Spritzlackieren im elektrostatischen Hochspannungsfeld

Heft 61:
Verein zur Förderung von Forschungs- und Entwicklungsarbeiten in der Werkzeugindustrie e. V., Remscheid
Schwingungs- und Arbeitsverhalten von Kreissägeblättern für Holz

Heft 62:
Professor Dr. W. Franz, Institut für theoretische Physik der Universität Münster
Berechnung des elektrischen Durchschlags durch feste und flüssige Isolatoren

Heft 63:
Textilforschungsanstalt Krefeld
Neue Methoden zur Untersuchung der Wirkungsweise von Textilhilfsmitteln
Untersuchungen über Schlichtungs- und Entschlichtungsvorgänge

Heft 64:
Textilforschungsanstalt Krefeld
Die Kettenlängenverteilung von hochpolymeren Faserstoffen
Über die fraktionierte Fällung von Polyamiden

Heft 65:
Fachverband Schneidwarenindustrie, Solingen
Untersuchungen über das elektrolytische Polieren von Tafelmesserklingen aus rostfreiem Stahl

Heft 66:
Dr.-Ing. P. Füsgen VDI †, Düsseldorf
Untersuchungen über das Auftreten des Ratterns bei selbsthemmenden Schneckengetrieben und seine Verhütung

Heft 67:
Heinrich Wösthoff o. H. G., Apparatebau, Bochum
Entwicklung einer chemisch-physikalischen Apparatur zur Bestimmung kleinster Kohlenoxyd-Konzentrationen

Heft 68:
Kohlenstoffbiologische Forschungsstation e. V., Essen
Algengroßkulturen im Sommer 1952
II. Über die unsterile Großkultur von Scenedesmus obliquus

Heft 69:
Wäschereiforschung Krefeld
Bestimmung des Faserabbaues bei Leinen unter besonderer Berücksichtigung der Leinengarnbleiche

Heft 70:
Wäschereiforschung Krefeld
Trocknen von Wäschestoffen

Heft 71:
Prof. Dr.-Ing. K. Leist, Aachen
Kleingasturbinen, insbesondere zum Fahrzeugantrieb

Heft 72:
Prof. Dr.-Ing. K. Leist, Aachen
Beitrag zur Untersuchung von stehenden geraden Turbinengittern mit Hilfe von Druckverteilungsmessungen

Heft 73:
Prof. Dr.-Ing. K. Leist, Aachen
Spannungsoptische Untersuchungen von Turbinenschaufelfüßen

Heft 74:
Max-Planck-Institut für Eisenforschung, Düsseldorf
Versuche zur Klärung des Umwandlungsverhaltens eines sonderkarbidbildenden Chromstahls

Heft 75:
Max-Planck-Institut für Eisenforschung, Düsseldorf
Zeit-Temperatur-Umwandlungs-Schaubilder als Grundlage der Wärmebehandlung der Stähle

Heft 76:
Max-Planck-Institut für Arbeitsphysiologie, Dortmund
Arbeitstechnische und arbeitsphysiologische Rationalisierung von Mauersteinen

Heft 77:
Meteor Apparatebau Paul Schmeck G. m. b H., Siegen
Entwicklung von Leuchtstoffröhren hoher Leistung

Heft 78:
Forschungsstelle für Acetylen, Dortmund
Über die Zustandsgleichung des gasförmigen Acetylens und das Gleichgewicht Acetylen — Aceton

Heft 79:
Techn.-Wissenschaftl. Büro für die Bastfaserindustrie, Bielefeld
Trocknung von Leinengarnen III
Spinnspulen- und Spinnkopstrocknung
Vorgang und Einwirkung auf die Garnqualität

Heft 80:
Techn.-Wissenschaftl. Büro für die Bastfaserindustrie, Bielefeld
Die Verarbeitung von Leinengarn auf Webstühlen mit und ohne Oberbau

Heft 81:
Prüf- und Forschungsinstitut für Ziegeleierzeugnisse, Essen-Kray
Die Einführung des großformatigen Einheits-Gitterziegels im Lande Nordrhein-Westfalen

Heft 82:
Vereinigte Aluminium-Werke AG., Bonn
Forschungsarbeiten auf dem Gebiet der Veredelung von Aluminium-Oberflächen

Heft 83:
Prof. Dr. S. Strugger, Münster
Über die Struktur der Proplastiden

Heft 84:
Dr. H. Baron, Düsseldorf
Über Standardisierung von Wundtextilien

Heft 85:
Textilforschungsanstalt Krefeld
Physikalische Untersuchungen an Fasern, Fäden, Garnen und Geweben:
Untersuchungen am Knickscheuergerät nach Weltzien

Heft 86:
Prof. Dr.-Ing. H. Opitz, Aachen
Untersuchungen über das Fräsen von Baustahl sowie über den Einfluß des Gefüges auf die Zerspanbarkeit

Heft 87:
Gemeinschaftsausschuß Verzinken, Düsseldorf
Untersuchungen über Güte von Verzinkungen

Heft 88:
Gesellschaft für Kohlentechnik mbH., Dortmund-Eving
Oxydation von Steinkohle mit Salpetersäure

Heft 89:
Verein Deutscher Ingenieure, Gleitlagerforschung, Düsseldorf und Prof. Dr.-Ing. G. Vogelpohl, Göttingen
Versuche mit Preßstoff-Lagern für Walzwerke

Heft 90:
Forschungs-Institut der Feuerfest-Industrie, Bonn
Das Verhalten von Silikasteinen im Siemens-Martin-Ofengewölbe

Heft 91:
Forschungs-Institut der Feuerfest-Industrie, Bonn
Untersuchungen des Zusammenhangs zwischen Leistung und Kohlenverbrauch von Kammeröfen zum Brennen von feuerfesten Materialien

Heft 92:
Techn.-Wissenschaftl. Büro für die Bastfaserindustrie, Bielefeld und Laboratorium für textile Meßtechnik, M.-Gladbach
Messungen von Vorgängen am Webstuhl

Heft 93:
Prof. Dr. W. Kast, Krefeld
Spinnversuche zur Strukturerfassung künstlicher Zellulosefasern

Heft 94:
Prof. Dr. G. Winter, Bonn
Die Heilpflanzen des MATTHIOLUS (1611) gegen Infektionen der Harnwege und Verunreinigung der Wunden bzw. zur Förderung der Wundheilung im Lichte der Antibiotikaforschung

Heft 95:
Prof. Dr. G. Winter, Bonn
Untersuchungen über die flüchtigen Antibiotika aus der Kapuziner- (Tropaeolum maius) und Gartenkresse (Lepidium sativum) und ihr Verhalten im menschlichen Körper bei Aufnahme von Kapuziner- bzw. Gartenkressensalat per os

Heft 96:
Dr.-Ing. P. Koch, Dortmund
Austritt von Exoelektronen aus Metalloberflächen unter Berücksichtigung der Verwendung des Effektes für die Materialprüfung

Heft 97:
Ing. H. Stein, Laboratorium für textile Meßtechnik, M.-Gladbach
Untersuchung der Verzugsvorgänge an den Streckwerken verschiedener Spinnereimaschinen
2. Bericht: Ermittlung der Haft-Gleiteigenschaften von Faserbändern und Vorgarnen

Heft 98:
Fachverband Gesenkschmieden, Hagen
Die Arbeitsgenauigkeit beim Gesenkschmieden unter Hämmern

Heft 99:
Prof. Dr.-Ing. G. Garbotz, Aachen
Der Kraft- und Arbeitsaufwand sowie die Leistungen beim Biegen von Bewehrungsstählen in Abhängigkeit von den Abmessungen, den Formen und der Güte der Stähle (Ermittlung von Leistungsrichtlinien)

Heft 100:
Prof. Dr.-Ing. H. Opitz, Aachen
Untersuchungen von elektrischen Antrieben, Steuerungen und Regelungen an Werkzeugmaschinen

Heft 101:
Prof. Dr.-Ing. H. Opitz, Aachen
Wirtschaftlichkeitsbetrachtungen beim Außenrundschleifen

Heft 102:
Dr. P. Hölemann, Ing. R. Hasselmann und Ing. G. Dix, Dortmund
Untersuchungen über die thermische Zündung von explosiblen Acetylenzersetzungen in Kapillaren

Heft 103:
Prof. Dr. W. Weizel, Bonn
Durchführung von experimentellen Untersuchungen über den zeitlichen Ablauf von Funken in komprimierten Edelgasen sowie zu deren mathematischen Berechnung

Heft 104:
Prof. Dr. W. Weizel, Bonn
Über den Einfluß der Elektroden auf die Eigenschaften von Cadmium-Sulfid-Widerstands-Photozellen

Heft 105:
Dr.-Ing. R. Meldau, Harsewinkel/Westf.
Auswertung von Gekörn — Analysen des Musterstaubes „Flugasche Fortuna I"

Heft 106:
ORR. Dr.-Ing. W. Küch, Dortmund
Untersuchungen über die Einwirkung von feuchtigkeitsgesättigter Luft auf die Festigkeit von Leimverbindungen

Heft 107:
Prof. Dr. H. Lange und Dipl.-Phys. P. St. Pütter, Köln
Über die Konstruktion von Laboratoriumsmagneten

Heft 108:
Prof. Dr. W. Fuchs, Aachen
Untersuchungen über neue Beizmethoden und Beizabwässer
I. Die Entzunderung von Drähten mit Natriumhydrid
II. Die Aufbereitung von Beizabwässern

Heft 109:
Dr. P. Hölemann und Ing. R. Hasselmann, Dortmund
Untersuchungen über die Löslichkeit von Azetylen in verschiedenen organischen Lösungsmitteln

Heft 110:
Dr. P. Hölemann und Ing. R. Hasselmann, Dortmund
Untersuchungen über den Druckverlauf bei der explosiblen Zersetzung von gasförmigem Azetylen

Heft 111:
Fachverband Steinzeugindustrie, Köln
Die Entwicklung eines Gerätes zur Beschickung seitlicher Feuer von Steinzeug-Einzelkammeröfen mit festen Brennstoffen

Heft 112:
Prof. Dr.-Ing. H. Opitz, Aachen
Verschleißmessungen beim Drehen mit aktivierten Hartmetallwerkzeugen

Heft 113:
Prof. Dr. O. Graf, Dortmund
Erforschung der geistigen Ermüdung und nervösen Belastung: Studien über die vegetative 24-Stunden-Rhythmik in Ruhe und unter Belastung

Heft 114:
Prof. Dr. O. Graf, Dortmund
Studien über Fließarbeitsprobleme an einer praxisnahen Experimentieranlage

Heft 115:
Prof. Dr. O. Graf, Dortmund
Studium über Arbeitspausen in Betrieben bei freier und zeitgebundener Arbeit (Fließarbeit) und ihre Auswirkung auf die Leistungsfähigkeit

Heft 116:
Prof. Dr.-Ing. E. Siebel und Dr.-Ing. H. Weiss, Stuttgart
Untersuchungen an einigen Problemen des Tiefziehens — I. Teil

Heft 117:
Dr.-Ing. H. Beißwänger, Stuttgart, und Dr.-Ing. S. Schwandt, Trier
Untersuchungen an einigen Problemen des Tiefziehens — II. Teil

Heft 118:
Prof. Dr. E. A. Müller und Dr. H. G. Wenzel, Dortmund
Neuartige Klima-Anlage zur Erzeugung ungleicher Luft- und Strahlungstemperaturen in einem Versuchsraum

Heft 119:
Dr.-Ing. O. Viertel, Krefeld
Wäscherei- und energietechnische Untersuchung einer Gemeinschafts-Waschanlage

Heft 120:
Dipl.-Ing. Weisbecker, Lüdenscheid
Über Anfressung an Reinstaluminium-Schweißnähten bei der elektrolytischen Oxydation
Gebr. Hörstermann GmbH., Velbert
Entwicklung und Erprobung eines neuartigen Gummibandförderers

Heft 121:
Dr. H. Krebs, Bonn
I. Die Struktur und die Eigenschaften der Halbmetalle
II. Die Bestimmung der Atomverteilung in amorphen Substanzen
III. Die chemische Bindung in anorganischen Festkörpern und das Entstehen metallischer Eigenschaften

Heft 122:
Prof. Dr. W. Fuchs, Aachen
Untersuchungen zur Verbesserung der Wasseraufbereitung und Wasseranalyse:
Über die Schnellbewertung von Ionenaustauscher

Heft 123:
Dipl.-Ing. J. Emondts, Aachen
Über Bodenverformungen bei stark gestörtem und mächtigem, wasserführendem Deckgebirge im Aachener Steinkohlengebiet

Heft 124:
Prof. Dr. R. Seÿffert, Köln
Wege und Kosten der Distribution der Hausratwaren im Lande Nordrhein-Westfalen

Heft 125:
Prof. Dr. E. Kappler, Münster
Eine neue Methode zur Bestimmung von Kondensations-Koeffizienten von Wasser

Heft 126:
Prof. Dr.-Ing. J. Mathieu, Aachen
Arbeitszeitvergleich
Grundlagen, Methodik und praktische Durchführung

Heft 127:
Güteschutz Betonstein e. V.,
Arbeitskreis Nordrhein-Westfalen, Dortmund
Die Betonwaren-Gütesicherung im Lande Nordrhein-Westfalen

Heft 128:
Prof. Dr. O. Schmitz-DuMont, Bonn
Untersuchungen über Reaktionen in flüssigem Ammoniak

Heft 129:
Prof. Dr.-Ing. J. Mathieu und Dr. C. A. Roos, Aachen
Die Anlernung von Industriearbeitern
I. Ergebnisse einer grundsätzlichen Untersuchung der gegenwärtigen Industriearbeiter-Kurzanlernung

Heft 130:
Prof.-Dr.-Ing. J. Mathieu und Dr. C. A. Roos, Aachen
Die Anlernung von Industriearbeitern
II. Beiträge zur Methodenfrage der Kurzanlernung

Heft 131:
Dr. W. Hoerburger, Köln
Versuche zur Biosynthese von Eiweiß aus Kohlenwasserstoff

Heft 132:
Prof. Dr. W. Seith, Münster
Über Diffusionserscheinungen in festen Metallen

Heft 133:
Prof. Dr. E. Jenckel, Aachen
Über einen für Schwermetalle selektiven Ionenaustauscher

Heft 134:
Prof. Dr.-Ing. H. Winterhager, Aachen
Über die elektrochemischen Grundlagen der Schmelzfluß-Elektrolyse von Bleisulfid in geschmolzenen Mischungen mit Bleichlorid

Heft 135:
Prof. Dr.-Ing. K. Krekeler und Dr.-Ing. H. Peukert, Aachen
Die Änderung der mechanischen Eigenschaften thermoplastischer Kunststoffe durch Warmrecken

Heft 136:
Dipl.-Phys. P. Pilz, Remscheid
Über spezielle Probleme der Zerkleinerungstechnik von Weichstoffen

Heft 137:
Prof. Dr. W. Baumeister, Münster
Beiträge zur Mineralstoffernährung der Pflanzen

Heft 138:
Dr. P. Hölemann und Ing. R. Hasselmann, Dortmund
Untersuchungen über die Zersetzungswärme von gasförmigem und in Azeton gelöstem Azetylen

Heft 139:
Prof. Dr. W. Fuchs, Aachen
Studien über die thermische Zersetzung der Kohle und die Kohlendestillatprodukte

Heft 140:
Dr.-Ing. G. Hausberg, Essen
Modellversuche an Zyklonen

Heft 141:
Dr. J. van Calker und Dr. R. Wienecke, Münster
Untersuchungen über den Einfluß dritter Analysenpartner auf die spektrochemische Analyse

Heft 142:
Dipl.-Ing. G. M. F. Wiebel, Hannover, A. Konermann und A. Ottenheym, Sennelager
Entwicklung eines Kalksandleichtsteines

Heft 143:
Prof. Dr. F. Wever, Dr. A. Rose und Dipl.-Ing. W. Straßburg, Düsseldorf
Härtbarkeit und Umwandlungsverhalten der Stähle

Heft 144:
Prof. Dr. H. Wurmbach, Bonn
Steuerung von Wachstum und Formbildung

Heft 145:
Dr. G. Hennemann, Werdohl (Westf.)
Beitrag zur Interpretation der modernen Atomphysik

Heft 146:
Dr.-Ing. F. Gruß, Düsseldorf
Sterilisation mit Heißluft

Heft 147:
Dr.-Ing. W. Rudisch, Unna
Untersuchung einer drehelastischen Elektromagnet-Synchronkupplung

Heft 148:
Prof. Dr. H. Bittel und Dipl.-Phys. L. Storm, Münster
Untersuchungen über Widerstandsrauschen

Heft 149:
Dipl.-Ing. K. Konopicky und Dipl.-Chem. P. Kampa, Bonn
I. Beitrag zur flammenphotometrischen Bestimmung des Calciums
Dr.-Ing. K. Konopicky, Bonn
II. Die Wanderung von Schlackenbestandteilen in feuerfesten Baustoffen

Heft 150:
Prof. Dr.,Ing. O. Kienzle und Dipl.-Ing. W. Timmerbeil, Hannover
Das Durchziehen enger Kragen an ebenen Fein- und Mittelblechen

Heft 151:
Dipl.-Ing. P. Karabasch, Aachen
Feststellung des optimalen Gasgehaltes von Bronzen zur Erzielung druckdichter Gußstücke

Heft 152:
Dipl.-Ing. G. Müller, Köln
Ermittlung der Laufeigenschaften (Vergießbarkeit) von Bronze und Rotguß mittels der Schneider-Gießspirale

Heft 153:
Prof. Dr. F. Wever, Dr.-Ing. W. A. Fischer und Dipl-Ing. J. Engelbrecht, Düsseldorf
I. Die Reduktion sauerstoffhaltiger Eisenschmelzen im Hochvakuum mit Wasserstoff und Kohlenstoff
II. Einfluß geringer Sauerstoffgehalte auf das Gefüge und Alterungsverhalten von Reineisen

Heft 154:
Prof. Dr.-Ing. P. Bardenheuer und Dr.-Ing. W. A. Fischer, Düsseldorf
Die Verschlackung von Titan aus Stahlschmelzen im sauren und basischen Hochfrequenzofen unter verschiedenen Schlacken

Heft 155:
Dipl.-Phys. K. H. Schirmer, München
Die auf Grau abgestimmte Farbwiedergabe im Dreifarbenbuchdruck

Heft 156:
Prof. Dr.-Ing. B. von Borries und Mitarbeiter, Düsseldorf
Die Entwicklung regelbarer permanentmagnetischer Elektronenlinsen hoher Brechkraft und eines mit ihnen ausgerüsteten Elektronenmikroskopes neuer Bauart

Heft 157:
Dr. W. Jawtusch, Dr. G. Schuster und Prof. Dr.-Ing. R. Jaeckel, Bonn
Untersuchungen über die Stoßvorgänge zwischen neutralen Atomen und Molekülen

Heft 158:
Dipl.-Ing. W. Rosenkranz, Meinerzhagen
Ein Beitrag zum Problem der Spannungskorrosion bei Preßprofilen und Preßteilen aus Aluminium-Legierungen

Heft 159:
Dr.-Ing. O. Viertel und O. Oldenroth, Krefeld
Das Bleichen von Weißwäsche mit Wasserstoffsuperoxyd bzw. Natriumhypochlorit beim maschinellen Waschen

Heft 160:
Prof. Dr. W. Klemm, Münster
Über neue Sauerstoff- und Fluor-haltige Komplexe

Heft 161:
Prof. Dr. W. Weltzien und Dr. G. Hauschild, Krefeld
Über Silikone und ihre Anwendung in der Textilveredlung

Heft 162:
Prof. Dr. F. Wever, Prof. Dr. A. Knochendörfer und Dr.-Ing. Chr. Rohrbach, Düsseldorf
Kennzeichnung der Sprödbruchneigung von Stählen durch Messung der Fließspannung, Reißspannung und Brucheinschnürung an dreiachsig beanspruchten Proben

Heft 163:
Dipl.-Ing. W. Rohs und Text.-Ing. H. Griese, Bielefeld
Untersuchungsarbeiten zur Verbesserung des Leinenwebstuhles III

Heft 164:
Dr.-Ing. H. Schmachtenberg, Köln
Neuartige Prüfeinrichtungen für Kraftfahrzeuge

Heft 165:
Dr.-Ing. W. Wilhelm, Aachen
Instationäre Gasströmung im Auspuffsystem eines Zweitaktmotors

Heft 166:
Prof. Dr. M. von Stackelberg, Dr. H. Heindze, Dr. H. Hübschke und Dr. K. H. Frangen, Bonn
Kolloidchemische Untersuchungen

Heft 167:
Prof. Dr.-Ing. F. Schuster, Essen
I. Über die Heißkarburierung von Brenngasen mit Ölen und Teeren
II. Die Strahlungsvorgänge in brennstoffbeheizten Öfen bei verschiedenen Verbrennungsatmosphären

Heft 168:
Prof. Dr.-Ing. F. Schuster, Essen
I. Luftvorwärmung an Gasfeuerungen
II. Heizwerthöhe von Brenngasen und Wirkungsgrad sowie Gasverbrauch bei der Gasverwendung
III. Sauerstoffangereicherte Luft und feuerungstechnische Kenngrößen von Brenngasen

Heft 169:
Forschungsinstitut für Pigmente und Lacke, Stuttgart
Arbeiten über die Bestimmung des Gebrauchswertes von Lackfilmen durch physikalische Prüfungen

Heft 170:
Prof. Dr. F. Wever, Dr. A. Rose und Dipl.-Ing. L. Rademacher, Düsseldorf
Anwendung der Umwandlungsschaubilder auf Fragen der Werkstoffauswahl beim Schweißen und Flammhärten

Heft 171:
Wäschereiforschung, Krefeld
Untersuchung der Wäscheentwässerung mit Hilfe von Zentrifugen und Pressen

Heft 172:
Dipl.-Ing. W. Rohs, Dr.-Ing. G. Satlow und Text.-Ing. G. Heller, Bielefeld
Trocknung von Hanfgarnen. Kreuzspultrocknung

Heft 173:
Prof. Dr. W. Kast, Krefeld, Prof. Dr. R. Hosemann und Dipl.-Phys. G. Schoknecht, Berlin
Lichtoptische Herstellung und Diskussion der Faltungsquadrate parakristalliner Gitter

Heft 174:
Prof. Dr. W. von Fragstein, Dr. J. Meingast und H. Hoch, Köln
Herstellung von Solen einheitlicher Teilchengröße und Ermittlung ihrer optischen Eigenschaften

Heft 175:
Dr.-Ing. H. Zeller, Aachen
Beitrag zur eindimensionalen stationären und nichtstationären Gasströmung mit Reibung und Wärmeleitung insbesondere in Rohren mit unstetigen Querschnittsänderungen

Heft 176:
Dipl.-Ing. H. Schöberl, Duisburg
Über die Methoden zur Ermittlung der Verbrennungstemperatur von Brennstoffen und ein Vorschlag zu ihrer Verbesserung

Heft 177:
Dipl.-Ing. H. Stüdemann, Solingen, und Dr.-Ing. W. Müchler, Essen
Entwicklung eines Verfahrens zur zahlenmäßigen Bestimmung der Schneideigenschaften von Messerklingen

Heft 178:
Prof. Dr. M. von Stackelberg und Dr. W. Hans, Bonn
Untersuchungen zur Ausarbeitung und Verbesserung von polarographischen Analysenmethoden

Heft 179:
Dipl.-Ing. H. F. Reineke, Bochum
Entwicklungsarbeiten auf dem Gebiete der Meß- und Regeltechnik

Heft 180:
Dr.-Ing. W. Piepenburg, Dipl.-Ing. B. Bühling und Bauing. J. Behnke, Köln
Putzarbeiten im Hochbau und Versuche mit aktiviertem Mörtel und mechanischem Mörtelauftrag

Heft 181:
Prof. Dr. W. Franz, Münster
Theorie der elektrischen Leitvorgänge in Halbleitern und isolierenden Festkörpern bei hohen elektrischen Feldern

Heft 182:
Dr.-Ing. P. Schenk und Dr. K. Osterloh, Düsseldorf
Katalytisch-thermische Spaltung von gasförmigen und flüssigen Kohlenwasserstoffen zur Spitzengaserzeugung

Heft 183:
Dr. W. Bornheim, Köln
Entwicklungsarbeiten an Flaschen- und Ampullen-Behandlungsmaschinen für die pharmazeutische Industrie

Heft 184:
Dr.-Ing. E. Printz, Kettwig
Vollhydraulische Parallel-Kupplung für Ackerschlepper

Heft 185:
Dipl.-Ing. W. Rohs und Text.-Ing. G. Heller, Bielefeld
Studien an einem neuzeitlichen Kreuzspultrockner für Bastfasergarne mit Wiederbefeuchtungszone

Heft 186:
Dr. E. Wedekind, Krefeld
Untersuchungen zur Arbeitsbestgestaltung bei der Fertigstellung von Oberhemden in gewerblichen Wäschereien

Heft 187:
Dipl.-Ing. F. Göttgens, Essen
Über die Eigenarten der Bimetall-, Thermo- und Flammenionisationssicherungsmethode in ihrer Anwendung auf Zündsicherungen

Heft 188:
W. Kinnebrock, Langenberg
Der Einfluß des Austausches gleicher Gaskochbrenner bzw. Gaskochbrennerteile auf den Wirkungsgrad und insbesondere auf den CO-Gehalt der Verbrennungsgase

Heft 189:
Fa. E. Leybold's Nachfolger, Köln
I. Ausgewählte Kapitel aus der Vakuumtechnik
II. Zum Verlust anorganisch-nichtflüchtiger Substanzen während der Gefriertrocknung

Heft 190:
Prof. Dr. A. Neuhaus, Prof. Dr. O. Schmitz-DuMont und Dipl.-Chem. H. Reckhard, Bonn
Zur Kenntnis der Alkalititanate

Heft 191:
Dr.-Ing. H. Söhngen, Darmstadt
Schwingungsverhalten eines Schaufelkranzes im Vakuum

Heft 192:
Dipl.-Phys. E. M. Schneider, München
Kohlebogenlampen für Aufnahme und Kopie

Heft 193:
Prof. Dr. O. Schmitz-DuMont, Bonn
Untersuchungen über neue Pigmentfarbstoffe

Heft 194:
Dr. K. Hecht, Köln
Entwicklung neuartiger physikalischer Unterrichtsgeräte

Heft 195:
Dr.-Ing. E. Rößger, Köln
Gedanken über einen neuen deutschen Luftverkehr

Heft 196:
Dipl.-Ing. W. Rohs und Text.-Ing. H. Griese, Bielefeld
Auswirkungen von Garnfehlern bei der Verarbeitung von Leinengarnen

Heft 197:
Dr. E. Wedekind, Krefeld
Untersuchungen zur Bestimmung der optimalen Arbeitsplatzgröße bei Mehrstuhlarbeit in der Weberei

Heft 198:
Prof. Dr. J. Weissinger, Karlsruhe
Zur Aerodynamik des Ringflügels. Die Druckverteilung dünner, fast drehsymmetrischer Flügel in Unterschallströmung

VERÖFFENTLICHUNGEN DER ARBEITSGEMEINSCHAFT FÜR FORSCHUNG DES LANDES NORDRHEIN-WESTFALEN

Naturwissenschaften

Heft 1:
Prof. Dr.-Ing. F. Seewald, Aachen
Neue Entwicklungen auf dem Gebiet der Antriebsmaschinen
Prof. Dr.-Ing. F. A. F. Schmidt, Aachen
Technischer Stand und Zukunftsaussichten der Verbrennungsmaschinen, insbesondere der Gasturbinen
Dr.-Ing. R. Friedrich, Mülheim (Ruhr)
Möglichkeiten und Voraussetzungen der industriellen Verwertung der Gasturbine

Heft 2:
Prof. Dr.-Ing. W. Riezler, Bonn
Probleme der Kernphysik
Prof. Dr. Micheel, Münster
Isotope als Forschungsmittel in der Chemie und Biochemie

Heft 3:
Prof. Dr. E. Lehnartz, Münster
Der Chemismus der Muskelmaschine
Prof. Dr. G. Lehmann, Dortmund
Physiologische Forschung als Voraussetzung der Bestgestaltung der menschlichen Arbeit
Prof. Dr. H. Kraut, Dortmund
Ernährung und Leistungsfähigkeit

Heft 4:
Prof. Dr. F. Wever, Düsseldorf
Aufgaben der Eisenforschung
Prof. Dr.-Ing. H. Schenck, Aachen
Entwicklungslinien des deutschen Eisenhüttenwesens
Prof. Dr.-Ing. M. Haas, Aachen
Wirtschaftliche Bedeutung der Leichtmetalle und ihre Entwicklungsmöglichkeiten

Heft 5:
Prof. Dr. W. Kikuth, Düsseldorf
Virusforschung
Prof. Dr. R. Danneel, Bonn
Fortschritte der Krebsforschung
Prof. Dr. W. Schulemann, Bonn
Wirtschaftliche und organisatorische Gesichtspunkte für die Verbesserung unserer Hochschulforschung

Heft 6:
Prof. Dr. W. Weizel, Bonn
Die gegenwärtige Situation der Grundlagenforschung in der Physik
Prof. Dr. S. Strugger, Münster
Das Duplikantenproblem in der Biologie
Direktor Dr. F. Gummert, Essen
Überlegungen zu den Faktoren Raum und Zeit im biologischen Geschehen und Möglichkeiten einer Nutzanwendung

Heft 7:
Prof. Dr.-Ing. A. Götte, Aachen
Steinkohle als Rohstoff und Energiequelle
Prof. Dr. Dr. E. h. K. Ziegler, Mülheim/Ruhr
Über Arbeiten des Max-Planck-Institutes für Kohlenforschung

Heft 8:
Prof. Dr.-Ing. W. Fucks, Aachen
Die Naturwissenschaft, die Technik und der Mensch
Prof. Dr. W. Hoffmann, Münster
Wirtschaftliche und soziologische Probleme des technischen Fortschritts

Heft 9:
Prof. Dr.-Ing. F. Bollenrath, Aachen
Zur Entwicklung warmfester Werkstoffe
Prof. Dr. H. Kaiser, Dortmund
Stand spektralanalytischer Prüfverfahren und Folgerung für deutsche Verhältnisse

Heft 10:
Prof. Dr. H. Braun, Bonn
Möglichkeiten und Grenzen der Resistenzzüchtung
Prof. Dr.-Ing. C. H. Dencker, Bonn
Der Weg der Landwirtschaft von der Energieautarkie zur Fremdenergie

Heft 11:
Prof. Dr.-Ing. H. Opitz, Aachen
Entwicklungslinien der Fertigungstechnik in der Metallbearbeitung
Prof. Dr.-Ing. K. Krekeler, Aachen
Stand und Aussichten der schweißtechnischen Fertigungsverfahren

Heft 12:
Dr. H. Rathert, Wuppertal-Elberfeld
Entwicklung auf dem Gebiet der Chemiefaser-Herstellung
Prof. Dr. W. Weltzien, Krefeld
Rohstoff und Veredlung in der Textilwirtschaft

Heft 13:
Dr.-Ing. E. h. K. Herz, Frankfurt a. M.
Die technischen Entwicklungstendenzen im elektrischen Nachrichtenwesen
Staatssekretär Prof. L. Brandt, Düsseldorf
Navigation und Luftsicherung

Heft 14:
Prof. Dr. B. Helferich, Bonn
Stand der Enzymchemie und ihre Bedeutung
Prof. Dr. H. W. Knipping, Köln
Ausschnitt aus der klinischen Carcinomforschung am Beispiel des Lungenkrebses

Heft 15:
Prof. Dr. A. Esau, Aachen
Ortung mit elektrischen und Ultraschallwellen in Technik und Natur
Prof. Dr.-Ing. E. Flegler, Aachen
Die ferromagnetischen Werkstoffe der Elektrotechnik und ihre neueste Entwicklung

Heft 16:
Prof. Dr. R. Seyffert, Köln
Die Problematik der Distribution
Prof. Dr. Theodor Beste, Köln
Der Leistungslohn

Heft 17:
Prof. Dr.-Ing. Seewald, Aachen
Luftfahrtforschung in Deutschland und ihre Bedeutung für die allgemeine Technik
Prof. Dr.-Ing. E. Houdremont, Essen
Art und Organisation der Forschung in einem Industrieforschungsinstitut der Eisenindustrie

Heft 18:
Prof. Dr. W. Schulemann, Bonn
Theorie und Praxis pharmakologischer Forschung
Prof. Dr. W. Groth, Bonn
Technische Verfahren zur Isotopentrennung

Heft 19:
Dipl.-Ing. K. Traenckner, Essen
Entwicklungstendenzen der Gaserzeugung

Heft 20:
M. Zvegintzow, London
Wissenschaftliche Forschung und die Auswertung ihrer Ergebnisse
Ziel u. Tätigkeit der National Research Development Corporation
Dr. A. King, London
Wissenschaft und internationale Beziehungen

Heft 21:
Prof. Dr. R. Schwarz, Aachen
Wesen und Bedeutung der Silicium-Chemie
Prof. Dr. Dr. h. c. K. Alder, Köln
Fortschritte in der Synthese von Kohlenstoffverbindungen

Heft 21 a
Prof. Dr. Dr. h. c. O. Hahn, Göttingen
Die Bedeutung der Grundlagenforschung für die Wirtschaft
Prof. Dr. S. Strugger, Münster
Die Erforschung des Wasser- und Nährsalztransportes im Pflanzenkörper mit Hilfe der fluoreszenzmikroskopischen Kinematographie

Heft 22:
Prof. Dr. J. von Allesch, Göttingen
Die Bedeutung der Psychologie im öffentlichen Leben
Prof. Dr. O. Graf, Dortmund
Triebfedern menschlicher Leistung

Heft 23:
Prof. Dr. Dr. h. c. B. Kuske, Köln
Zur Problematik der wirtschaftswissenschaftlichen Raumforschung
Prof. Dr. Dr.-Ing. E. h. St. Prager, Düsseldorf
Städtebau und Landesplanung

Heft 24:
Prof. Dr. R. Danneel, Bonn
Über die Wirkungsweise der Erbfaktoren
Prof. Dr. K. Herzog, Krefeld
Bewegungsbedarf der menschlichen Gliedmaßengelenke bei der Berufsarbeit

Heft 25:
Prof. Dr. O. Haxel, Heidelberg
Energiegewinnung aus Kernprozessen
Dr.-Ing. Dr. M. Wolf, Düsseldorf
Gegenwartsprobleme der energiewirtschaftlichen Forschung

Heft 26:
Prof. Dr. F. Becker, Bonn
Ultrakurzwellenstrahlung aus dem Weltraum
Dr. H. Straßl, Bonn
Bemerkenswerte Doppelsterne und das Problem der Sternentwicklung

Heft 27:
Prof. Dr. H. Behnke, Münster
Der Strukturwandel der Mathematik in der ersten Hälfte des 20. Jahrhunderts
Prof. Dr. E. Sperner, Hamburg
Eine mathematische Analyse der Luftdruckverteilung in großen Gebieten

Heft 28:
Prof. Dr. O. Niemczyk, Aachen
Die Problematik gebirgsmechanischer Vorgänge im Steinkohlenbergbau
Prof. Dr. W. Ahrens, Krefeld
Die Bedeutung geologischer Forschung für die Wirtschaft besonders in Nordrhein-Westfalen

Heft 29:
Prof. Dr. B. Rensch, Münster
Das Problem der Residuen bei Lernleistungen
Prof. Dr. H. Fink, Köln
Über Leberschäden bei der Bestimmung des biologischen Wertes verschiedener Eiweiße von Mikroorganismen

Heft 30:
Prof. Dr.-Ing. F. Seewald, Aachen
Forschungen auf dem Gebiete der Aerodynamik
Prof. Dr.-Ing. K. Leist, Aachen
Forschungen in der Gasturbinentechnik

Heft 31:
Prof. Dr.-Ing. Dr. h. c. F. Mietzsch, Wuppertal
Chemie und wirtschaftliche Bedeutung der Sulfonamide
Prof. Dr. Dr. h. c. G. Domagk, Wuppertal
Die experimentellen Grundlagen der bakteriellen Infektionen

Heft 32:
Prof. Dr. H. Braun, Bonn
Die Verschleppung von Pflanzenkrankheiten und -schädlingen über die Welt
Prof. Dr. W. Rudorf, Voldagsen
Der Beitrag von Genetik und Züchtung zur Bekämpfung von Viruskrankheiten der Nutzpflanzen

Heft 33:
Prof. Dr.-Ing. V. Aschoff, Aachen
Probleme der elektroakustischen Einkanalübertragung
Prof. Dr.-Ing. H. Döring, Aachen
Erzeugung und Verstärkung von Mikrowellen

Heft 34:
Geheimrat Prof. Dr. Dr. R. Schenck, Aachen
Bedingungen und Gang der Kohlenhydratsynthese im Licht
Prof. Dr. E. Lehnartz, Münster
Die Endstufen des Stoffabbaues im Organismus

Heft 35:
Prof. Dr.-Ing. H. Schenck, Aachen
Gegenwartsprobleme der Eisenindustrie in Deutschland
Prof. Dr.-Ing. Piwowarsky †, Aachen
Gelöste und ungelöste Probleme im Gießereiwesen

Heft 36:
Prof. Dr. W. Riezler, Bonn
Teilchenbeschleuniger
Prof. Dr. G. Schubert, Hamburg
Anwendung neuer Strahlenquellen in der Krebstherapie

Heft 37:
Prof. Dr. F. Lotze, Münster
Probleme der Gebirgsbildung
Bergwerksdirektor Bergassessor a. D. Rauschenbach, Essen
Die Erhaltung der Förderungskapazität des Ruhrbergbaues auf lange Sicht

Heft 38:
Dr. E. C. Cherry, London
Kybernetik
Prof. Dr. E. Pietsch, Clausthal-Zellerfeld
Dokumentation und mechanisches Gedächtnis — zur Frage der Ökonomie der geistigen Arbeit

Heft 39:
Dr. H. Haase, Hamburg
Infrarot und seine technischen Anwendungen
Prof. Dr. A. Esau, Aachen
Die Bedeutung des Ultraschalls für technische Anwendungsgebiete

Heft 40:
Bergassessor F. Lange, Bochum-Hordel
Die wirtschaftliche und soziale Bedeutung der Silikose im Bergbau
Prof. Dr. W. Kikuth, Düsseldorf
Die Entstehung der Silikose und ihre Verhütungsmaßnahmen

Heft 40 a:
Prof. Dr. E. Gross, Bonn
Berufskrebs und Krebsforschung
Prof. Dr. H. W. Knipping, Köln
Die Situation der Krebsforschung vom Standpunkt der Klinik

Heft 41:
Dr.-Ing. G. V. Lachmann, Teddington
An einer neuen Entwicklungsschwelle im Flugzeugbau
Dr. A. Gerber, Zürich
Stand der Entwicklung der Raketen- und Lenktechnik

Heft 42:
Prof. Dr. T. Kraus, Köln
Lokalisationsphänomene und Raumordnung vom Standpunkt der geographischen Wissenschaft
Direktor Dr. F. Gummert, Essen
Vom Ernährungsversuchsfeld der Kohlenstoffbiologischen Forschungsstation Essen (Ein 6 Jahre lang durchgeführter Versuch, einen Menschen aus dem Ertrag von 1250 qm zu ernähren)

Heft 42 a:
Prof. Dr. Dr. h. c. G. Domagk, Wuppertal
Fortschritte auf dem Gebiet der experimentellen Krebsforschung

Heft 43:
Prof. G. Lampariello, Rom
Über Leben und Werk von Heinrich Hertz
Prof. Dr. W. Weizel, Bonn
Über das Problem der Kausalität in der Physik

Heft 43 a:
Prof. Dr. J. Mª Albareda, Madrid
Die Entwicklung der Forschung in Spanien

Heft 44:
Prof. Dr. B. Helferich, Bonn
Über Glykose
Prof. Dr. F. Micheel, Münster
Kohlenhydrat-Eiweiß-Verbindungen und ihre bio-chemische Bedeutung

Heft 45:
Prof. Dr. J. von Neumann, Princeton/USA
Entwicklung und Ausnutzung neuerer mathematischer Maschinen
Prof. Dr. E. Stiefel, Zürich
Rechenautomaten im Dienste der Technik mit Beispielen aus dem Züricher Institut für angewandte Mathematik

Heft 46:
Prof. Dr. W. Weltzien, Krefeld
Ausblick auf die Entwicklung synthetischer Fasern
Prof. Dr. W. Hoffmann, Münster
Wachstumsformen der Industriewirtschaft

Heft 47:
Staatssekretär Prof. L. Brandt, Düsseldorf
Die praktische Förderung der Forschung in Nordrhein-Westfalen
Prof. Dr. L. Raiser, Bad Godesberg
Die Förderung der angewandten Forschung durch die Deutsche Forschungsgemeinschaft

Heft 48:
Dr. H. Tromp, Rom
Bestandsaufnahme der Wälder der Welt als internationale und wissenschaftliche Aufgabe
Prof. Dr. F. Heske, Schloß Reinbek
Die Wohlfahrtswirkungen des Waldes als internationales Problem

Heft 49:
Präsident Dr. G. Böhnecke, Hamburg
Zeitfragen der Ozeanographie
Reg.-Direktor Dr. H. Gabler, Hamburg
Nautische Technik und Schiffssicherheit

Heft 50:
Prof. Dr.-Ing. F. A. F. Schmidt, Aachen
Probleme der Selbstentzündung und Verbrennung bei der Entwicklung der Hochleistungskraftmaschinen
Prof. Dr.-Ing. A. W. Quick, Aachen
Ein Verfahren zur Untersuchung des Austauschvorganges in verwirbelten Strömungen hinter Körpern mit abgelöster Strömung

Heft 51:
Prof. Dr. S. Strugger, Münster
Struktur, Entwicklungsgeschichte und Physiologie der Chloroplasten
Direktor Dr. J. Pätzold, Erlangen
Therapeutische Anwendung mechanischer und elektrischer Energie

VERÖFFENTLICHUNGEN DER ARBEITSGEMEINSCHAFT FÜR FORSCHUNG DES LANDES NORDRHEIN-WESTFALEN

Geisteswissenschaften

Heft 1:
Prof. Dr. W. Richter, Bonn
Die Bedeutung der Geisteswissenschaften für die Bildung unserer Zeit
Prof. Dr. J. Ritter, Münster
Die aristotelische Lehre vom Ursprung und Sinn der Theorie

Heft 2:
Prof. Dr. J. Kroll, Köln
Elysium
Prof. Dr. G. Jachmann, Köln
Die vierte Ekloge Vergils

Heft 3:
Prof. Dr. H. Stier, Münster
Die klassische Demokratie

Heft 4:
Prof. Dr. W. Caskel, Köln
Lihyan und Lihyanisch, Sprache und Kultur eines früharabischen Königreiches

Heft 5:
Prof. Dr. T. Ohm, Münster
Stammesreligionen im südlichen Tanganyika-Territorium

Heft 6:
Prälat Prof. Dr. Dr. h. c. G. Schreiber, Münster
Deutsche Wissenschaftspolitik von Bismarck bis zum Atomwissenschaftler Otto Hahn

Heft 7:
Prof. Dr. W. Holtzmann, Bonn
Das mittelalterliche Imperium und die werdenden Nationen

Heft 8:
Prof. Dr. W. Caskel, Köln
Die Bedeutung der Beduinen in der Geschichte der Araber

Heft 9:
Prälat Prof. Dr. Dr. h. c. G. Schreiber, Münster
Iroschottische Motive im abendländischen Sakralraum

Heft 10:
Prof. Dr. P. Rassow
Forschungen zur Reichsidee im 16. und 17. Jahrhundert

Heft 11:
Prof. Dr. H. E. Stier, Münster
Roms Aufstieg zur Weltherrschaft

Heft 12:
Prof. D. K. Rengstorf, Münster
Mann und Frau im Urchristentum
Prof. Dr. H. Conrad, Bonn
Grundprobleme einer Reform des Familienrechts

Heft 13:
Prof. Dr. M. Braubach, Bonn
Der Weg zum 20. Juli 1944 — Ein Forschungsbericht

Heft 14:
Prof. Dr. P. Hübinger, Münster
Das deutsch-französische Verhältnis und seine mittelalterlichen Grundlagen

Heft 15:
Prof. Dr. F. Steinbach, Bonn
Der geschichtliche Weg des wirtschaftenden Menschen in die soziale Freiheit und politische Verantwortung

Heft 16:
Prof. Dr. J. Koch, Köln
Die Ars coniecturalis des Nikolaus von Cues

Heft 17:
Prof. Dr. J. Conant, US-Hochkommissar für Deutschland
Staatsbürger und Wissenschaftler
Prof. D. K. H. Rengstorf, Münster
Antike und Christentum

Heft 18:
Prof. Dr. R. Alewyn, Köln
Klopstocks Publikum

Heft 19:
Prof. Dr. F. Schalk, Köln
Das Lächerliche in der französischen Literatur des Ancien Régime

Heft 20:
Prof. Dr. L. Raiser, Bad Godesberg
Rechtsfragen der Mitbestimmung

Heft 21:
Prof. D. M. Noth, Bonn
Das Geschichtsverständnis der alttestamentlichen Apokalyptik

Heft 22:
Prof. Dr. W. F. Schirmer, Bonn
Glück und Ende des Königs in Shakespeares Historien

Heft 23:
Prof. Dr. G. Jachmann, Köln
Der homerische Schiffskatalog und die Ilias

Heft 24:
Prof. Dr. T. Klauser, Bonn
Die römischen Petrustraditionen im Lichte der neuen Ausgrabungen unter der Peterskirche

Heft 25:
Prof. Dr. H. Peters, Köln
Die Gewaltentrennung in moderner Sicht

Heft 26:
Prof. Dr. F. Schalk, Köln
Calderon und die Mythologie

Heft 27:
Prof. Dr. J. Kroll, Köln
Vom Leben geflügelter Worte

Heft 28:
Prof. Dr. T. Ohm, Münster
Die Religionen in Asien

Heft 29:
Prof. Dr. L. Weisgerber, Bonn
Die Ordnung der Sprache im persönlichen und öffentlichen Leben

Heft 30:
Prof. Dr. W. Caskel, Köln
Entdeckungen in Arabien

Heft 31:
Prof. Dr. M. Braubach, Bonn
Entstehung und Entwicklung der landesgeschichtlichen Bestrebungen und historischen Vereine im Rheinland

Heft 32:
Prof. Dr. F. Schalk, Köln
Somnium und verwandte Wörter in den romanischen Sprachen

Heft 33:
Prof. Dr. F. Dessauer, Frankfurt a. M.
Erbe und Zukunft des Abendlandes

Heft 34:
Prof. Dr. T. Ohm, Münster
Ruhe und Frömmigkeit

Heft 35:
Prof. Dr. H. Conrad, Bonn
Die mittelalterliche Besiedlung des deutschen Ostens und das deutsche Recht

Heft 36:
Prof. Dr. H. Sckommodau, Köln
Die religiösen Dichtungen Margaretes von Navarra

Heft 37:
Prof. Dr. H. von Einem, Bonn
Der Kopf mit der Binde des Meisters von Naumburg

Heft 38:
Prof. Dr. J. Höffner, Münster
Statik und Dynamik in der scholastischen Wirtschaftsethik

Heft 39:
Prof. Dr. F. Schalk, Köln
Diderots Essai über Claudius und Nero

Heft 40:
Prof. Dr. G. Kegel, Köln
Probleme des internationalen Enteignungs- und Währungsrechts

Heft 41:
Prof. Dr. L. Weisgerber, Bonn
Die Grenzen der Schrift

Heft 42:
Prof. Dr. R. Alewyn, Köln
Von der Empfindsamkeit zur Romantik

Heft 43:
Prof. Dr. T. Schieder, Köln
Die Probleme des Rapallo-Vertrages 1922

Heft 44:
Prof. Dr. A. Rumpf, Köln
Stilphasen der spätantiken Kunst

If you have any concerns about our products,
you can contact us on
ProductSafety@springernature.com

In case Publisher is established outside the EU,
the EU authorized representative is:
**Springer Nature Customer Service Center GmbH
Europaplatz 3, 69115 Heidelberg, Germany**

Printed by Libri Plureos GmbH
in Hamburg, Germany